建設技術者の倫理と実践

増補・改訂版

Ethics and Practice of
Civil Engineers

柴山 知也 著

丸善株式会社

まえがき

　1990年代後半から，日本社会における"土木事業の位置づけ"と"事業執行過程の具体的方法"が変わりつつある．前者について言えば，明治以降の近代化過程で継続的に実行され，さらに高度経済成長期に集約的に行われた土木事業は，産業基盤に偏重した社会基盤投資であった．それが近年，生活基盤を優先する投資へと予算配分の組み替えが行われるようになっている．また，後者については，技術者集団内で閉じた形で遂行されてきた事業が，立案段階から使用者・生活者の視点を取り入れることや土木事業の必要性を経済学や社会学などの視点からも説明することが求められるようになった．このように日本社会における土木事業執行の社会的文脈の変化に伴って，土木技術者に求められる社会的な機能が変化したのである．換言すれば，個々の技術者がより高度な社会的役割を果たすことが求められるようになったわけである．

　従来，土木技術者は，業界内部の強固な構造に拘束されていた結果，互いに安心して取引ができただけでなく，土木工学の枠組みに準拠して判断し行動すればよかった．しかし，今後，見知らぬ他者と協同作業をする機会が増えれば，土木事業を多角的に捉え得るような枠組みが必要になるだけでなく，相互の信頼関係をどのように作りあげていくかといった問題も出てくる．仕事のパートナーが信頼できるかどうかについて，これまで以上に気を配らなければならないわけである．特に相手が誠意を持って仕事を行うか，相手が仕事を遂行するのに必要な能力を持っているかの2点が問題となろう．誠意の証明としての技

術者倫理の普及が議論され始める一方で，能力の証明としての資格制度の整備とその後の能力の更新を保証する継続教育への取り組みが進められている背後にはこうした事情がある．

本書では，近代社会の成り立ちから現代の工学分野における倫理教育の必要性を論じ，それを踏まえて倫理教育の方法を具体的に提示する．"技術者倫理規定"は，技術者が日々の職業活動の中で迫られる，判断や決断を下す際にその拠り所にすべき事項を整理したもので，抽象的な文章でつづられている．これを具体的な日常の場で時宜に応じて活用するためには，具体的な事項について思考し討論した結果が，個々の技術者の判断として，さらには技術者集団の判断として徐々に練り上げられていく過程を実際に経験することが基本となる．

本書は，大学学部および大学院での倫理教育の教科書として使用されることを念頭に置き，技術者倫理の背景を整理することと教室での討論材料を提供することに意を注いだ．教室内での討論がより現実に即した，しかも深い思索を伴うものとなるために，本書が広く活用されることを望む．

2004年2月

柴 山 知 也

目　次

第1章　なぜ技術者に倫理教育が必要なのか
　　　　　──倫理教育の社会的背景　　*1*

1.1　土木工学のパラダイムシフト──建設社会学の展開　*1*
1.2　建設産業の外部環境の変化　*4*
1.3　建設事業の執行制度と社会システムの再構成
　　　──将来構想の提示　*8*
　　(1)　新しい制度への移行　*9*
　　(2)　新しい制度を支える目標　*9*
　　(3)　目標実現のための手立て　*10*
　　(4)　まとめ　*11*
1.4　技術者倫理教育の展開　*11*
　　(1)　技術者倫理教育の必要性についてのこれまでの議論　*11*
　　(2)　技術者倫理教育の先駆：アメリカの場合　*12*
　　(3)　日本での技術者倫理教育確立に向けて　*15*

第2章　技術者の倫理規定の系譜と現行の倫理規定の解説　*19*

2.1　技術者倫理規定の系譜　*19*
　　(1)　概　説　*19*
　　(2)　土木学会の旧倫理規定の制定とその時代的背景　*20*

2.2 学会倫理規定とその解説　*24*
　　(1) 土木学会の倫理規定　*24*
　　(2) その他の学会の倫理規定　*28*
　　(3) アメリカ土木学会の倫理規定　*32*

第3章　倫理教育の実践　*41*

3.1 アメリカにおける実践——事例教育の発展　*41*
　　(1) 大学学部低学年向けの事例　*41*
　　(2) 大学学部高学年および大学院学生向けの事例　*43*
3.2 日本における事例　*46*
　　(1) 道路建設中に遺跡を発見した現場責任者のジレンマ　*46*
　　(2) 建設工事により伐採が必要な樹木についてのジレンマ　*47*
　　(3) 最新の事例の調査と討論の同時進行　*47*
3.3 最近の日本や世界における事例　*51*
　　(1) 核燃料加工会社ジェー・シー・オー(JCO)事故のその後　*51*
　　(2) 耐震補強工事の不備　*53*
　　(3) 東京電力など電力会社の事例　*55*
　　(4) 本州四国連絡橋における加工ミスの無断修正の事例　*58*
　　(5) 大手総合建設会社の労働災害隠しの事例　*59*
　　(6) チェルノブイリ原子力発電所事故のその後の情報　*60*
　　(7) エンロン事件に見る内部告発の事例　*60*
　　(8) スペースシャトル・コロンビア号の空中分解事故　*62*
3.4 **大学教育における実践**
　　　　——**事例を使ってどう討論するか**　*63*
　　(1) 学生への導入　*63*
　　(2) 土木学会での検討　*63*
　　(3) 横浜国立大学での倫理教育の実践　*65*

第 4 章　信頼関係と技術者の行動選択
　　　　　——倫理教育は技術者の行為を変えるか　*69*
- 4.1　はじめに　*70*
- 4.2　信頼研究の系譜　*71*
  - (1)　信頼研究とは何か　*71*
  - (2)　「対人信頼尺度」の導入　*72*
- 4.3　研究方法とその結果　*73*
  - (1)　質問紙調査の方法　*73*
  - (2)　回答結果の分析　*75*
  - (3)　考　察　*81*
- 4.4　結　論　*83*

付　録

- 付録 1　情報処理学会倫理綱領　*85*
- 付録 2　地球環境・建築憲章　*87*
- 付録 3　電気学会倫理綱領　*89*
- 付録 4　化学工学会倫理規程・行動の手引き　*90*
- 付録 5　日本原子力学会倫理規程と行動の手引き　*96*
- 付録 6　アメリカ土木学会 ASCE 倫理規定　*104*
- 付録 7　スペースシャトル・チャレンジャー号事件を事例とした討論の報告用紙　*110*
- 付録 8　文化財保護法（抄）　*111*
- 付録 9　JCO 臨界事故を事例とした討論の報告用紙　*118*
- 付録 10　一般信頼性尺度測定のための質問　*120*
- 付録 11　行動選択についての倫理的質問　*121*

あとがき　*125*
索　引　*127*

第1章

なぜ技術者に倫理教育が必要なのか

——倫理教育の社会的背景

　本章ではまず，技術者の倫理教育がなぜ今，必要とされているのかについてその現代的意味を解説する．土木学会の旧倫理要綱は，1938年に制定以来，すでに60年以上の歳月が経過している．その間に倫理規定の社会的な意味は大きく変化しており，倫理教育の現代的な必要性を理解するには，日本社会の変動とそれに伴う技術者の役割の変化を明らかにする必要がある．

　まず1.1節では，土木工学の学問的な枠組みの変化を整理するとともに，その社会的な背景について考察する．続いて1.2節では，社会的な変化と連動して生起した建設産業を取り巻く外部環境の変化を整理する．さらに1.3節では，今後の建設産業システムの変化を予測し，1.4節において今後の建設システムを支えていくために必要な技術者倫理教育を導入するための方法を提案する．

1.1　土木工学のパラダイム[1]シフト——建設社会学[2]の展開

　まず，現在の土木工学の諸分野の区分とそれらが依拠する学問体系について

---

1)　「一時期の間，専門家に対して問い方や答え方のモデルを与えるもの」，トーマス・クーン，中山茂訳(1971)：科学革命の構造，p.V, みすず書房.
2)　柴山知也(1996)：建設社会学—土木技術者・国際開発技術者のための社会学入門—, 128p., 山海堂.

確認しておきたい．土木工学を構成する諸分野のうち，数学と力学を理論枠組（ディシプリン）とする測量学・構造力学・水工学・材料学は，比較的初期に成立した分野であるのに対して，経済学に依拠する土木計画学が成立したのはわずか 30 年前の 1970 年代のことである．また，1990 年代以降の建設事業の多様化に伴って，景観論・ミクロ経済学・マネジメント論などの新しい理論が導入された．1990 年代半ばに筆者が提唱した建設社会学は，複雑化した社会システムの中で土木工学の役割を総合的に考察することを目指すメタ領域[1]として位置づけることができる．表 1.1 に現在の土木工学を構成する科目とそれらの依拠する基礎的学問分野をまとめておく．

表 1.1 土木工学諸分野の区分とそれらの依拠する学問体系

日本の大学における伝統的な区分	依拠する学問的基礎
① 土木工学基礎（測量学，統計学などの数学）	数　学
② 構造工学（鋼構造，コンクリート構造）	力学（構造）
③ 水　工　学（河川，港湾）	力学（流体）
④ 材　料　学（コンクリート，地盤・基礎）	力学（構造・土質）
(1970 年代に導入)	
⑤ 土木計画学（交通計画・国土計画）	数学（多変量解析），経済学
(1990 年代に導入)	
⑥ 景　観　論	美　学
⑦ ミクロ経済学	経済学
⑧ マネジメント論	経営学
(現在導入中の科目)	
⑨ 建設社会学	社会学
⑩ 技術者倫理	応用倫理学

一般に 1760 年代に始まったイギリスの産業革命に端を発した近代産業社会の展開はその後，ヨーロッパ諸国，アメリカ，さらには明治時代の日本へと伝播した．近代産業社会の到来によって，日本においても土木技術者集団内で，技術の効率化が追求されるようになった．それに伴って，個人のレベルでも個々の技術者に技術力の向上が求められるようになった．表 1.1 に見るように，数学・力学をディシプリンとする構造工学・水工学など，土木工学の諸分野の中で初期に成立した分野が急速な発展を見せたのは，近代産業社会において技術

---

[1] 上位分野（理論社会学）と下位分野（建設社会学の応用分野）の間を結ぶもので，土木事業を理論社会学の中に具体的に位置づけていくことを目指した分野．

の精密化や性能の高度化へのニーズが高まったことと密接に関係している．

　近代産業社会の成立の結果，技術者は個人の技術力を向上させるために集団を作り，さらに産業構造の高度化（高能率化・複合化）に対応するために，マニュアル化に代表されるような，技術の画一化・分業化・管理化・標準化を集団レベルで実行することを余儀なくされた．こうした社会の変化に伴う技術に対するニーズの変化は，技術者個人のレベルでは，技術者の管理化・集団主義化を加速させるものとなった．

　一方，1990年代以降に始まった脱近代化（ポストモダン）社会への移行に伴い，社会全体の多様化・個性化・自由化が進展し始めると，技術者集団に対しても，土木事業の目的の多様化に対応した技術開発や地域特性に応じた個性的な土木事業の企画などが求められるようになった．一例をあげれば，沿岸地域を津波や高潮から守る施設を建設する場合，市民を津波から守るという防災機能だけでなく，市民が水辺に親しめる効果や環境上の配慮なども同時に求められるようになった．こうした技術者集団で進行しつつある技術の多様化によって，技術者個人に対しても新たな資質が求められている．例えば海岸技術者の場合，これまでのように防災機能だけを念頭において設計・施工する技術力だけでなく，快適さや環境保全といった視点を併せ持つことや土木工学以外の専門家や一般市民とともに建設物を作る協調性や共生力などが必要になりつつある．このような多様化に対応するためには，技術者自身が集団の構成員としてではなく，個々の独立した職能と，自らの専門家としての判断を支える基準としての倫理を持つ個人として振る舞う必要がある．すなわち高度産業社会の下で完成した技術者の管理化および技術の標準化による技術の保証システムは，ポストモダン社会における多様化・自由化・個性化の進展により崩れ始めた．社会学・美学・経済学に依拠した建設社会学やマネジメント論，景観論，ミクロ経済学などが土木工学の新しい分野として導入されたのは，技術者集団のレベルで進行した変化への学問的対応にほかならない（表1.1参照）．

　これからのポストモダン社会では，独立した職能と判断の基準としての倫理に裏打ちされた行動規範を持つ技術者の存在と，独立した技術者による協同的な仕事のシステムの確立が不可欠なものとなる．独立した技術者の育成に向けて

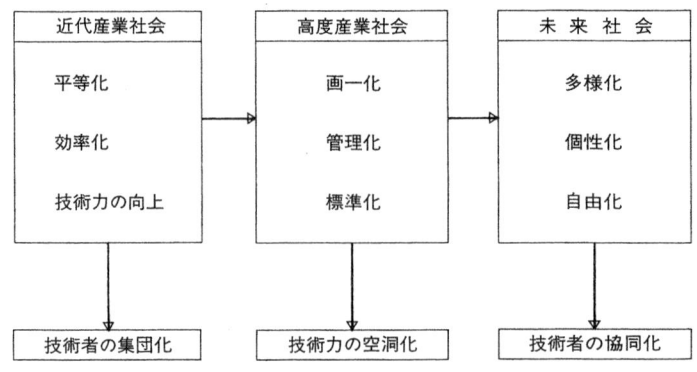

図 1.1 技術者の役割変化と社会の発展

倫理教育が今，再び脚光を浴びているのは，技術者個人のレベルで進行しつつある変化を如実に反映している．技術者倫理の確立は，新たな協同的システムを作り上げていくために不可欠な条件である．

　図1.1は，技術者の役割変化と社会の発展の関係を模式図で示したものである．近代産業社会の効率化および技術力の向上に対応するために表1.1で示した①から⑤までの学問分野が精緻化され，未来社会の多様化や個性化に対応するために⑥から⑩の学問分野が発展しつつある．このように土木工学の学問分野の展開は，社会の発展と深く連動している．社会の経時的変化と土木工学の発展を確認することは，ポストモダン社会における技術者集団と技術者個人のあり方を考えるためにも，技術者の協同化を具体的に実現していくためにも不可欠な作業である．

1.2　建設産業の外部環境の変化

　日本における近代化の過程は，明治維新以降に開始され，第二次世界大戦後の急激な社会変動の中で急速に推進されてきた．明治国家においては，当時の国際情勢に対応するため，政府の主導によって経済面・軍事面の近代化が強力に推し進められた．明治期になされた多くの土木事業は，明治政府の富国強兵政策の具体的な施策として実施されたものであった．民間部門の育成が不十分

であったこの時代には，政府部門（内務省土木局・鉄道省など）を中心に国土の建設事業が進められていた．

　これに対して，第二次世界大戦後の高度経済成長期には，民間企業が徐々に企業としての実力と技術力を蓄え，民間企業が技術力を担う体制が次第に整えられていった．こうした過程は，戦後の高等教育機関の量的増大によって高度な技術を持った技術者の大量育成が可能となった教育の拡大過程と対応している．さらにこの時期には，就業人口の割合が急激に変化し，第一次産業（農業など）から第二次産業（工業など）・第三次産業（サービス業など）へと就労人口が移動しており，就業構造の変化が起こっている．建設産業の場合，それまで官庁の技術者が担当していた業務が，次第に民間の第二次産業（建設業）あるいは第三次産業（コンサルタント業）に移転されていった．

　問題は，この近代化と就業構造の変化の過程の中で，官庁や企業の集団内の人間関係と集団間の関係の持ち方の中に，疑似血縁共同体を保持するような独特の関係を維持し続けてきたことにある．近代的な建設技術を外国から移入し，技術者集団の能力を高める一方で，集団内では次第に閉鎖的な人間関係を作り上げていった．日本の建設産業界内部の人間関係は，強固な構造に拘束された，前近代的な疑似血縁集団の共同社会の色合いを作り上げたまま，戦後の発展期を過ごしてきたわけである．

　業界内部の人間にとって"当たり前"の人間関係を社会学的な視点から微視的に分析することで人間関係の構造を読み解き，より近代的な人間関係を構築していくためにどのような手立てを講じる必要があるのかを提示することが求められている．これは，筆者が従来から提唱してきた建設社会学の目的の一つにほかならない．

　就業構造の変化は，結果として社会の流動性を高め，日本社会は大きな変動を経験することになった．大きく変化したのは，建設産業の担い手だけではない．戦後の日本社会の近代化過程で，人々の生活社会の構造自体も変化したのである．土木技術者を例にとれば，生活社会の構造変容を以下のように説明することができる．仕事・学習・生活・余暇など主要な人間活動のすべてを共有する血縁・地縁共同体（ゲマインシャフト社会）の時代に形成されたものが「組」

組織である．その後の産業化の進展によって社会の分業が推進された結果，生活共同体としての家庭・地域と職能集団としての企業・学校の間には厳然とした壁が形成されることになった．現在の社会構造の変化は，この壁が曖昧になり境界が解体していく過程にあると言われている．社会集団間の壁が曖昧化・流動化し始めた社会は，「クロスオーバー社会」[1]と呼ばれている．技術者にとって，家庭・地域と会社との間の壁が解体するということは，これまでのように役所や企業の厚い壁の内部で閉じこもって社会基盤や社会施設を建設すればよい時代ではなくなったことを意味する．地域住民のニーズや生活環境への配慮といった点も考慮して建設物を作る必要があるという点で，壁が崩れ始めたのである．役所や企業を担ってきた技術者集団にとっては，これから到来するクロスオーバー社会に備えて，社会における自らの機能を再考し，社会から与えられた機能を遂行していくための方法を再構築する時期に来ている．

以下に取り上げる二つの事例は，技術者の役割の変化を具体的に示すものである．まず一つは，1994年に起こった建設業界の談合問題[2]である．明治以来，社会基盤の建設がなされる過程で，業界内部だけに通用する常識や人間関係の持ち方などが建設界の内部で形成されてきた[3]．この常識や人間関係のルールは，あまりにも強力であったために，長年にわたり土木技術者個人の思考や行動を規制し続けてきた．建設業界の古い体質を改めて露呈させる糸口となった談合問題は，建設業界の内部構造の強固さを示す端的な例である．

このような構造を解体し，建設事業の新しい執行システムを作ることは，単にマニュアルを改訂するといった部分的な作業ではなく，建設界の常識や人間関係と従来の執行システムとの絡み合いを解明し，発注者・受注者としての個人と執行システムとの新しい相互作用のあり方を提示するというシステム再構築の試みに他ならない．そのためには執行システムに関与する組織間の関係，

---

1) 藤田英典(1994)：放送大学テキスト「教育社会学」，p.44-45.
2) 公共事業を発注する地方公共団体の長(知事や市長)が，建設会社から献金を受け，職務権限との関連から賄賂にあたるとして逮捕された事件．公共事業の発注方式の大半を占めていた指名競争入札の指名の手続が問題視されるきっかけとなった．
3) 指名競争入札，役人の民間への天下り，入札最低価格の設定などの社会的な行為が複雑に絡み合って構成されている．

執行システムが個人の行動に及ぼす影響など，建設事業の執行を社会制度の視点と個人の行動の視点から分析する必要がある．これは，建設事業における力学的領域の問題とは性格を異にする社会的領域の問題である．

　もう一つの例は，震災復興事業である．1995年1月の阪神・淡路大震災[1]の発生から時間が経過するにつれ，被災地域の復旧・復興に向けて果たした土木技術者の役割が改めて注目を集めた．それと同時に，土木事業における力学的問題以外の課題についても議論がなされた．その議論の多くは，震災の発生から復旧・復興に向かう過程では，土木技術者は構造物が破壊した原因を追求するだけでなく，復興に向けて社会的合意を形成する役割をも果たす必要があるというものであった．住民の協力の下に防災機能を備えた新しい都市を建設していくためには，土木技術者が従来から担当してきた力学的な手法だけでは不十分であり，現代都市における社会階層の変化，住民の人間関係の持ち方やライフスタイルなど，土木事業を取り巻く社会的環境への視点を建設過程の中に取り込む必要性が出てきた．

　図1.2は，以上の解説を建設に関係する主体同士の相互作用や建設産業の周辺環境と建設学諸分野との関連に着目してまとめたものである．建設に関係する主体とは，①施設の使用者としての市民(国民)社会，②事業の企画者としての行政機関や公企業，③実際の建設事業を執行する建設産業者，を主要な構成者とする三つのサブシステムをさす．施設の使用者としての国民社会と事業の企画者である行政機関との間は，「需要」と「供用」の関係で結ばれており，行政機関と実際に事業の執行を担当する建設産業の間は「発注」と「納入」の関係で結ばれている．国民社会は，都市化・情報化・多様化によって大きく変容しつつあり，行政府や建設産業もそれぞれの内部で技術者の役割変化や手法の進歩による変化を経験しつつあり，大きな変換期を迎えている．行政府と建設産業のサブシステムは，それぞれの内部で独立した存在ではなく，国民社会全体の変容に強く影響を受けて変化するため，三者間の相互作用による影響を考慮しながらシステムの組み換えを構想する必要がある．

　一方，建設システムの連関と土木工学の下位領域との関係については，次の

---

[1] 1995年1月17日に発生し，神戸市を中心に6,400人以上の死者を出した．

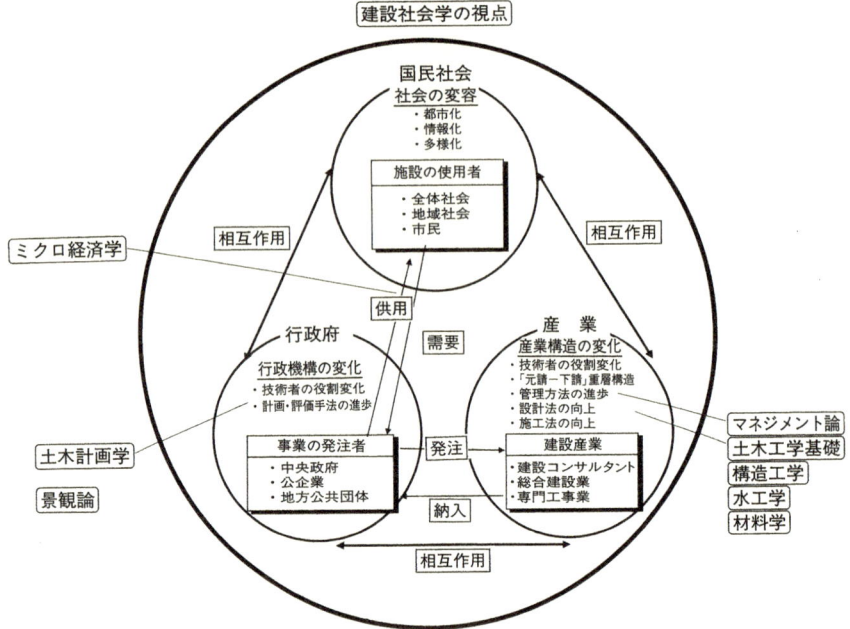

図 1.2　建設システム内のサブシステムの連関図

ようになる．「土木工学基礎」「構造力学」「水工学」「材料学」は，建設物を実際に作る時に必要な学問的基礎である．「土木計画学」「景観論」は，市民と企画者との関係を調整する時に，「マネジメント論」は建設産業内のシステムを理解する時に必要な分野である．これに対して「建設社会学」は，建設システム全体を社会の発展段階に対応させて考察するための理論的枠組を提供する．システムを巨視的に捉え，かつ，サブシステム間の関係性や構成員の関係性を捉えていく上で，建設社会学の視点は不可欠である．

1.3　建設事業の執行制度と社会システムの再構成
　　　——将来構想の提示

ここでは，土木事業の執行制度を社会システムとの関係において考察する．

技術者倫理の必要性を理解するためには，どのような技術者集団が，どのような社会の中で，どのような職能を果たしていくのかについての明確な構想を持っている必要があるからである．具体的には土木技術の評価を行う新しい制度を提示することにより，土木技術者がより広い視野と自由な立場で，個人としての責任を持って仕事ができる可能性について論じる．

(1) 新しい制度への移行

土木事業をはじめとする公共事業執行のシステムは，1994年に起きた指名競争入札制度の下での談合問題，地方公共団体における公共事業がらみの汚職事件を契機として，その見直しが始まった．具体的には発注・契約制度を見直し，意志決定プロセスの透明化，従来，発注総額のほとんどすべてを占めていた指名競争入札制度[1]を一般競争入札制度[2]へ転換させるなど，制度の改正が進められている．

制度を改正する場合，制度の一部を変えることで制度全体にどのような影響をもたらすかを事前に予測する必要がある．しかし，従来の制度自体がゲマインシャフト的行為や伝統的価値観に大きく支配されていたため，システムへの入力に対する出力がどうなるか必ずしも予測できないのが現状である．

(2) 新しい制度を支える目標

公共事業発注制度を組み換える際に，制度の目標をどう設定するかが検討されなければならない．ここでは，二つの目標を仮に設定して，構想を提示してみたい．

目標の一つは「全人格的な技術者の育成，および高い技術力を持ち技術者倫理を備えた個々の優れた技術者による，協同的な人間関係を基盤とする土木事業執行体制の整備」である．もう一つの目標は「文化的側面を重視した技術評価制度の確立」である．この場合，下位目標は以下のように設定できる．

---

[1] 入札に参加できる会社があらかじめ発注者によって定められている．入札参加者の数が限られるため，談合の温床といわれている．
[2] 一定の資格を満たせば誰でも入札に参加できる制度．

①技術的に優れた者が報酬面でも社会的にも高く評価されること．この場合，技術者の行動は倫理に裏打ちされた，社会全体に貢献するものでなければならない．
②組織としてではなく，個人の技術者が正当に評価されること．その結果として，土木技術者の社会的価値が認識され，正当な社会的地位が得られること．
③それにより，さらに技術が高度化され洗練されること．
④建設の理念が明確にされ，後世に誇れる社会基盤施設が残されること．

この四つの下位目標は，階層的に構成されている．①が達成されることにより②への準備がなされ，②が達成されることで③が達成されることが想定されている．①・②は第一の目標に関連するものであり，③・④は第二の目標に関連するものである．

(3) 目標実現のための手立て

次にこれらの目標を達成するために，具体的にどのような手立てを講じるべきかが問題となる．第一の手立ては，土木事業を技術的・倫理的に指導し得る技術者を「土木専門家」あるいは「土木家」と呼び，彼らの配属が自由市場において決定されるようにすることである．ここで言う「土木専門家」とは，所属集団内においては当該土木事業の全体的見通しとコンセプトを持っており，集団外においては他者との相互作用過程で適切な交渉能力と幅広い判断力を持っている専門家としての技術者を指す．技術者は，このような役割を果たしていく中で，高い倫理性が求められる．この手立ては，上記の①から③までの下位目標を達成するための手段となる．

これまで問題となってきた建設業界の不祥事は，近代技術社会の徴発性に個々の技術者が抵抗できなかった結果であることを考えれば，土木専門家は単に土木技術に精通している専門職ではなく，土木事業を社会的視野に立って相対化し，その価値付けをなし得る専門家であることが要請される．このような専門家は，効率主義という人間管理の原理によって管理され，細分化した仕事のみを与えられているような状況の中からは生まれ得ないことは，言うまでもない．

そのためには，多才な能力を持った専門的技術者を評価し得るような多角的評価基準が確立される必要がある．従来，土木事業における技術力は企業体の評価としてなされてきたが，専門家がある組織に所属している場合でも，技術者個人としての価値が技術評価に含まれるようにする．さらに優れた技術者が組織の間を有利な条件で移動できるように，技術者市場が形成される必要もある．

第二の手立ては，ポストモダンの思想が建設システムの中で制度的に位置付けられることを目指した，新しい建設技術の評価方法を確立することである．そのためには，建設技術評価の基準を従来の「効率性の基準」から「ポストモダンの思想に基づく基準」へと変えていく必要がある．具体的に言えば，供用性に含むことが難しいと考えられてきた「新しい価値の創造」「快適性の向上」「地球環境との調和」などの視点を技術評価基準に取り込むことである．

(4) ま と め

以上，技術者集団の社会的な機能および職能集団としての将来像を明確にするために，土木事業の執行制度を社会システムと関連づけて考察し，執行制度をどのように再編する必要があるかについて論じてきた．具体的には，土木業界を「高い技術力を持ち，技術者倫理を備えた個々の優れた専門的技術者の協同的な人間関係の下に編成すること」と「土木事業を文化的営為の一環として相対的に捉え直すこと」を制度再編における目標として設定した．一連の社会的不祥事による土木業界に対する世論の批判は，これまで土木事業関係者の間で自明視されていた事柄を内側から自覚的に解明することを迫る契機となった．近代技術社会の徴発性，個々の技術者の個性と倫理の喪失，技術者の集団としての倫理性の欠如こそが問題の原点にあると思われる．

1.4 技術者倫理教育の展開

(1) 技術者倫理教育の必要性についてのこれまでの議論

これまで日本の大学では，学部前期の教養課程の改編に伴って教養科目カリキュラムの編成が行われ，土木工学分野でも土木技術者の基礎教養としてどの

ような科目を教えるべきかについて多くの議論がなされている．これは，技術者教育のカリキュラムの適格性を判断する日本技術者教育認定機構（JABEE）[1]による工学教育認定の手続きの進行とも密接に結びついている．筆者が勤務する横浜国立大学・シビルエンジニアリングコースを例にとれば，基礎教養科目として「土木と文明」「土木と現代社会」「建設社会学概論」の三つが開講されている．「土木と文明」では土木技術史を，「土木と現代社会」では土木技術論を，「建設社会学概論」では土木建設事業に対する社会学的認識を教えているが，多様な角度から社会における土木技術者の機能・役割や使命を学生に意識させることをねらいとしている．社会建設における土木事業の位置を知り，土木技術者の社会的役割を自らの問題として考える機会を持つことは，将来，土木技術者になる学生にとって不可欠な基礎教養であると思われる．

　こうした状況の下で，日本学術会議の委員会などでも技術者の倫理を大学でも教えるべきだという議論が行われた[2]．技術者への倫理教育が議論される背景として，1)オウム真理教事件に見られるように，技術者が積極的にその技術的な能力を用いて犯罪に加担したこと，2)地球環境問題に見られるように，限られた資源の管理や同世代・異世代間での資源分配についての意志決定方法が求められていること，などがあげられよう．しかし，筆者がここで論じようとする技術者倫理教育は，技術者の道徳心を求める倫理教育ではなく，技術者の意思決定過程を援護するものであることに注意していただきたい．

(2) 技術者倫理教育の先駆：アメリカの場合[3]

　技術者倫理教育の基盤になる学問分野は，「応用倫理学」である．応用倫理学の親学問である倫理学は，意思決定の判断の基準を与える原則を研究する学問分野である．これに対して，応用倫理学は，倫理学の下位分野である領域倫理

---

[1] アメリカにおける工学教育認定機構（ABET）と同じ機能を果たすべく，1999年に発足した．2000年度から個別の工学教育プログラムを認定する作業を開始した．
[2] 日本学術会議基礎工学研究連絡委員会 WFEO（世界工学会連合）小委員会報告書（小委員長：西野文雄，幹事：柴山知也）．
[3] 柴山知也(1997)：「米の工学倫理教育とわが国の取り組み」，土木学会誌，第82巻，6月号，pp.27-28.

(技術者・医師・弁護士などの専門職業倫理，環境倫理など)の総称である．応用倫理学は，もともと医師の倫理や報道関係者の取材源の秘匿権などの議論から出発したという事情もあって，各領域倫理学では，日々の実践に際して行動の指針になるような文章化された指針の提示が要請された．つまり応用倫理学の意義は，意思決定プロセスで良し悪しの判断基準となる規範を抽象的なレベルから日常的な実践レベルに引き下ろし，実践レベルで倫理学を実現させることにあった．ビジネス倫理をはじめとして，今日，アメリカでは応用倫理学がかなり普及している[1]．

倫理学を実践レベルで活用しようとする志向は，大学教育の中でも実現されている．アメリカの場合，工学系大学課程の基準を定めている ABET (The Accreditation Board for Engineering and Technology)は，その規定の中で，カリキュラムに技術者倫理教育を組み入れることを求めている．実際に大学学部段階で技術者の倫理についての教育が行われており，専門職能集団である技術者は「十分な情報と熟考を基に他からの影響を排して独立で判断することが重要である」と教えられている[2]．このような教育は，独立した職能としての技術者の自律性と職業的権威を確立する上で有効な取り組みとなっている．

技術者倫理教育の必要性は，大学内だけでなく学会内でも認識されている．アメリカ土木学会では，前述の「ABET 倫理規定の指針 (Code of Ethics Guideline)」に沿う形で「アメリカ土木学会の倫理規定 (Code of Ethics)」を定めている．この規定は，「基本的原則」「基本的規範(Canon)」「行動の基準」の3領域から階層的に構成されているが，「基本的原則」は以下の四つである．

①自らの技術と能力を人類の福祉と環境の改善のために役立てること
②社会・雇用主・契約相手に誠実に対応すること
③技術者の職業的威信の増進に努めること
④自らの属する職業集団(例えば技術士会，土木学会)を支援すること

これらの基本原則を一読して気づくことは，各原則が抽象的なレベルで記述されていることである．それは，同規定では状況に応じて技術者自らが判断す

---

1) 加藤尚武(1994)：応用倫理学のすすめ，181 p，丸善ライブラリー，丸善．
2) 札野　順(1996)：「米国における工学倫理教育」，品質管理，Vol.47, No.10, pp.10-16．

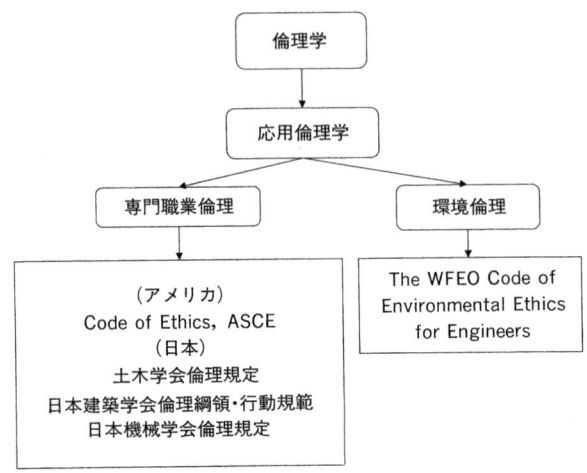

図 1.3　倫理学と領域倫理の関連

ることを前提にしているため，判断の基準としての倫理規定自体は抽象的な表現にせざるを得ないからである．規定の基本的な構成は，1977年に改定されたものであるが，1996年11月に出された改訂版では「環境への責任」「持続可能な開発」という新しい概念が付加されている．

1.3節で論じた「自立した土木技術者の協同的な人間活動」という概念は，自律性を確立するという点で，アメリカ土木学会が提唱する工学倫理教育の基本原則と同じ志向を持っている．また，「全人格的な技術者の育成と個々の優れた技術者による倫理的かつ協同的な人間活動を基盤とする土木事業執行体制の整備」が今後の土木事業の整備システムを考えていく際に重要であることもすでに1.3節で述べた．これは，組織としてではなく，個人の技術者が正当に評価され，正当な社会的地位が得られることと密接に結びついている．協同的な人間活動を成立させるためには，その前提条件として，倫理に裏付けられた自律性(autonomy)を確立した技術者が多数存在する必要がある．

日本の場合，技術者のあり方について工学系大学で行ってきたことは，技術者としての使命感を鼓舞する教育が中心であった．先人の業績を振り返ることを通して，技術者の使命を浸透させてきたものの，技術者という職能集団の構

成員として，変動する社会の中でどのような社会的機能を担うべきかについては，教育的配慮が向けられてこなかった．学会レベルでは，日本の土木学会が1938年(昭和13年)に「土木技術者の信条及び実践要綱」を定めている．その内容は，アメリカ土木学会倫理規定と類似したものになっているが，実際には機能してこなかった．同学会では，1999年5月に実践要綱を抜本的に改正し，倫理規定を定めたばかりである．同学会が制定した倫理規定や応用倫理学の理論枠組みの理解を踏まえて，大学で技術者倫理の教育を教えるための具体的な教授方法を考案し，教育を実践することが焦眉の課題となっている．

(3) 日本での技術者倫理教育確立に向けて

倫理教育の本質は，特定の価値観を教え込むことではなく，専門家として物事の選択や判断をする基準を個々の技術者の中に形成することである．専門家としての判断とは，特定の基準をどの事例にも一様に適用することではなく，事例に即して柔軟に思考することを意味する．したがって技術者倫理教育では，判断の基準をあらかじめ提示するのではなく，具体的な事例における判断過程を体験させる方法が適切であると思われる．事例教育の方法(case teaching method)は，その有効な方法の一つである．技術者としての社会的機能を明確に認識させ，社会の公正と発展に資する判断を下すべきことを意識させることが大切である．

日本の大学における技術者倫理教育の一つのモデルとして，次のようなやり方が考えられる．まず教育段階としては，学部の前期段階あるいは後期段階でそれぞれに適した事例を用いて行う．教育方法としては主として事例教育の方法を用いて，判断プロセスをたどることで専門家としての判断とは何かを体験させる．教師は，技術者の社会的機能を認識しているか，他からの強制によらずに独立した判断を下しているかをチェックする必要がある．事例研究で使用する題材として，いくつかの可能性が考えられるが，アメリカや日本の事例集が手ごろである．アメリカでは事例教育が広く行われており，事例集の集積が進んでいる．事例の中には，構造物完成後に部材の強度が不足していることを発見した技術者のジレンマ(ニューヨーク市のCiticorp Centerの例, p.43参

照)などもある[1]．この事例集は，アメリカのWWWのサイト[2]で公開されているため，入手することは容易である．日本の大学でも，初期段階では，アメリカの事例を翻訳して利用することが可能である．

授業では，事例集から選んだ事例をあらかじめ資料として編集し，それを事前に学生に配布して学生は授業までに読解しておく．授業では，教員と学生との討論を通して事例の特徴や技術者の判断過程を理解することに比重を置く．教員の役割は，具体的な知識を与えることのみではなく，論点を整理して質の高い討論ができるように配慮することである．

これまで工学系の大学教育では，伝統的な教育方法として以下のものが採用されてきた．

① 講義：教室で教員が黒板やOHP，プロジェクターなどを使って，知識を伝達する方法
② 演習：学生に応用問題を宿題として解かせ，教室で学生が教員に質問する方法
③ 実験：中等教育における理科実験のような方法で学生がデータを自分で収集し，それをもとに学生と教員がデータをどのように解釈するかを討論する方法
④ 輪講：基礎的文献や重要な論文を教員と学生が一緒に読んでいく方法
⑤ 論文指導：学生が卒業論文を作成する過程で，教員が個別に指導していく方法

最近ではこの五つの方法に加えて，「事例教育(case teaching)」を取り入れるようになった．事例教育については，第3章において具体的に記述するが，ここではスペースシャトル・チャレンジャー号の空中爆発事件(1986年1月28日)を取り上げて，事例教育の方法を説明する[3]．

---

1) Goldstein, S.H. and Rubin, R.A. (1996)：Engineering Ethics, Civil Engineering, ASCE, pp.41-44.
2) 例えば，http://onlineethics.org/
3) H.C. Luegenbie 教授(Rose-Hulman Institute of Technology)の日本工学アカデミーにおける講演(1996年7月17日)．

<事例教育の例> (第3章参照)
［宿題］
　事例資料を配布し，次回の授業までに資料を読むことを宿題にする．
［授業］
　「チャレンジャー号はなぜ，打ち上げ後76秒で爆発したのか」をテーマとして，教員と学生で議論を進める．
議論の展開……打ち上げの前日，技術者達はチャレンジャー号の打ち上げに反対していた．地上の温度が極めて低温であるために，もしチャレンジャー号の打ち上げを強行すれば故障を起こす可能性があることに気づいていたからである．しかし，結果として技術者達の意見は無視され，爆発炎上というあのような悲劇を生んでしまった．打ち上げ決行という判断に至るプロセスで，どこかで打ち上げにストップをかけることはできなかったのか．

　このように実際にあった事柄を取り上げ，その展開のプロセスを教師と学生が一緒にたどることで，事例の特徴や技術者の判断プロセスを具体的に理解していくことに重点を置いている．専門家としての判断とは何かを学生に体験させることが大切である．横浜国立大学シビルエンジニアリングコースでは，1996年以来この事例を用いた授業を実施してきたが，学生は積極的に授業に取り組んだだけでなく，事例教育の方法の有効性を認めていた．教員としての筆者の経験によれば，学生の意見をまず回答用紙に書いて提出させ，それを整理分類しながら追加意見を求めることも討論を進めていく上で効果的であった．大学における技術者倫理教育は，自立した判断と協同的な活動ができる技術者を育てるための着実な第一歩となる．

第2章

技術者の倫理規定の系譜と
現行の倫理規定の解説

　本章では，アメリカ土木学会やわが国の土木学会に代表される技術者協会における倫理規定の系譜について解説し，規定の条文の意味についても解説を加える．

2.1　技術者倫理規定の系譜

(1) 概　説

　倫理規定の制定については，「第一期」黎明の時代，「中間期」停滞の時代，「第二期」再生の時代の3期に分けることができる．

　まず第一期(黎明期)は，第一次世界大戦期(1914～1919)と世界恐慌(1929)以降の社会の荒廃期と呼ばれる時期である．アメリカおよび日本の土木学会で倫理規定が制定されたのは，この時期であった．日本の土木学会では1936年5月18日の理事会で青山士[1]を委員長とする「土木技術者相互規約調査委員会」が発足し，1938年に「土木技術者の信条及び実践要綱」が制定された．この「信条と要綱」は，先に制定されたアメリカの倫理規定(1914年)を邦訳し，それを

---

1) 青山 士(あおやま・あきら)1880-1963．東京帝国大学土木工学科卒業後パナマ運河工事に従事．帰国後内務省土木技師として荒川放水路，信濃川大河津分水路を完成させた．

当時の日本の状況に合うように内容を書き改めたものである．「信条と要綱」は，後に土木学会80周年(1994年)の折に現代語訳されたが，内容はそのまま現代でも通用するものである．

中間期(停滞期)は，第二次世界大戦とそれに続く冷戦の時代であり，組織の拘束の強い時期である．社会学的に言えば，社会構造が強く人々の行動を拘束した時期と言える．この時期の後期は，日本ではまさしく高度経済成長期および安定成長期に当たるが，社会への逸脱行為が社会構造によって抑制されていたために，倫理規定が必ずしも必要とされない時期であった．したがって，第一期に制定された倫理規定が参照されることはほとんどなく，土木学会による改定作業は62年間という長期にわたってなされることはなかった．

第二期(再生期)は，1990年代後半の時期をさす．この時期は，ポストモダンへの変化が本格化した時期に当たり，価値観の多様化が進んだ時代である．社会の再構成や産業構造の変革が進み，中間期に見られたような強固な社会の構造が緩んだ時期に当たる．構造による拘束に変わるものとして，個々の構成員の自律的な行動が求められるようになり，倫理規定の必要性が認識されるようになった．

アメリカ土木学会が1996年に，倫理規定に持続的発展の定義を加えて，環境保全条項を付け加えたのは，まさにこの時期である．地球資源の有限性と持続可能な開発の必要性が多くの人に認識されるようになった結果，環境保全に関しても倫理規定が必要であることが提唱された．

日本では，1996年以降，情報処理学会(1996年，付録1にその全文を示す)・日本機械学会(1999年)・日本建築学会(1999年)など，土木学会以外の学会でも倫理規定が制定された．また，土木学会も1999年に61年ぶりに倫理規定を改定している．

(2) 土木学会の旧倫理規定の制定とその時代的背景

ここでは，土木学会の旧規定である「土木技術者の信条及び実践要綱」(1938年制定)を実際に見た上で，その特徴を検討する．「信条と要綱」の内容は，以下の通りである．

会　　告

　本会常議員会に於いて決定したる土木技術者の信条及び実践要綱次の如し．

土木技術者の信条及び実践要綱

作製の主旨及び方針

　本草案は次の3項目の主旨を体して現下の我国情に適合する土木技術者の信条及び実践要綱を作製したるものとす．
　(1) 土木技術者の使命の確認
　(2) 土木技術者の品位の向上
　(3) 土木技術者の権威の保持

土木技術者の信条作製の主旨

　現今世界の大勢を按ずるに欧州大戦によりて従来の均整を破られたる世界は政治，思想，経済，産業の各方面に亙りて動揺と混乱との渦中に在りと雖も其の間に在りて新興民族発展の底流歴然たるものあるを否み難し．国運の伸長と民族の発展とは各国民，各民族に課せられたる重大課題なりとす．特に現下の非常時局に際会したる我国は国民の全機能を挙げて時難の克服に膺らざるべからず．即ち我等は人類文化の創造に貢献すると同時に凡ての建設事業，経済工作の先駆たり根幹たるべき貴き使命を有する土木技術者として其の立場を明確にし其の識見を新にして相率いて斯界の進歩向上に努め以って国家社会に貢献するの急務なるを痛感してやまず．
　因ってその信条を成文となすこと次の如し．

土木技術者の信条

1. 土木技術者は国運の進展ならびに人類の福祉増進に貢献すべし．

2. 土木技術者は技術の進歩向上に努め広くその真価を発揮すべし．
3. 土木技術者は常に真摯なる態度を持し徳義と名誉とを重んずべし．

説　明
(1) 技術者が技術を通じ国家社会に貢献すべき義務を述べたるものなり．
(2) 技術者の技術者としての義務と使命とを述べたるものなり．
(3) 技術者の徳義と名誉とに関する戒めを述べたるものなり．

土木技術者の実践要綱

実践要綱作製の原則
土木技術者の信条を基本としてこれが実践要綱を定めたるものとす．
1. 土木技術者は自己の専門的知識及び経験をもって国家的ならびに公共的諸問題に対し積極的に社会に奉仕すべし．
2. 土木技術者は学理，工法の研究に励み進んでその結果を公表しもって技術界に貢献すべし．
3. 土木技術者はいやしくも国家の発展，国民の福利に背戻するが如き事業はこれを企図すべからず．
4. 土木技術者はその関係する事業の性質上特に公正を持し清廉を尊びいやしくも社会の疑惑を招くがごとき行為あるべからず．
5. 土木技術者は工事の設計及び施工につき経費節約或は其の他の事情にとらわれ，為に従業者並びに公衆に危険を及ぼすが如きことなきを要す．
6. 土木技術者は個人的利害のためにその信念を曲げ或は技術者全般の名誉を失墜するがごとき行為あるべからず．
7. 土木技術者は自己の権威と正常なる価値を毀損せざる様注意すべし．
8. 土木技術者は自己の人格と知識経験とにより確信ある技術の指導に努むべし．
9. 土木技術者は其の関係する事業に万一違法に属するものあるを認めた

>   る時は其の匡正に努むべし．
> 10．土木技術者は其の内容疑わしき事業に関係し又は自己の名義を使用せしむる等の事なきを要す．
> 11．土木技術者は施工に忠実にして事業者の期待に背かざらんことを要す．
>
> 備考
> 本信条及び実践要綱をもって相互規約に代ゆるものとす．
>
> （土木学会誌，昭和13年3月号より引用）

　上掲の「信条と要綱」を，現行の倫理規定およびアメリカ土木学会の倫理規定と比べてみると，次のような特徴を指摘することができる．まず現行の倫理規定との違いは，旧規定では「国運」「国家」が強調されていることである．忠誠心の対象が国家とされている点に違和感を覚える人もいるかもしれないが，当時は，国民国家の時代であり，実感できる全体社会が国家であったことを考えれば，当然のことと思われる．「国家」を「社会」あるいは「全人類」に置き換えて読んでみると，それほど違和感を感じることはないだろう．

　次にアメリカ土木学会の規定との違いは，旧規定には「契約の相手方（依頼主）や雇用主に対して忠実に振舞うこと」が明示されていない点である．これは，両国における土木技術者の立場の違いに起因するものである．当時のアメリカでは，土木技術者はすでに発注者との間に契約をもととした関係を結んでいたが，日本では，土木技術者は勅任技師[1]を頂点とする内務技師が中心であった．つまり，当時の日本人土木技術者は，事業の発注者でもあり事業の実施者でもあるという立場を反映している．「国家」「国民」が強く意識されていたのも，技術者が主に内務省をはじめとする官庁に所属していた[2]という社会的な立場と無関係ではないだろう．

---
1) 明治憲法下では，上級の土木技術者は勅任による高等官として処遇された．
2) 柴山知也(1997)：建設社会学，p.85，山海堂．

倫理規定制定期の第一期(1910年代半ばから1930年代)に，日本で倫理規定を制定したのは土木学会のみである．土木技術者集団は，土木事業が人々の生活に与える影響の大きさや技術者集団に与えられた義務を，当時から正確に理解していたと言っても集団内ひいきではないだろう．ただ，6条・9条・10条に見られるように，具体的な逸脱行為に対する言及を見ると，当時からこのような逸脱行為が頻発していたものと思われる．

2.2 学会倫理規定とその解説

(1) 土木学会の倫理規定

ここでは，1999年5月に全面的に改定した土木学会制定の倫理規定の全文を掲載し，その解説を行う．筆者は，土木学会倫理規定制定委員会の7名の委員のうちの1人として制定過程に加わった．

土木技術者の倫理規定

前　文
1. 1938年(昭和13年)3月，土木学会は「土木技術者の信条および実践要綱」を発表した．この信条および要綱は1933年(昭和8年)2月に提案され，土木学会相互規約調査委員会(委員長：青山士，元土木学会会長)によって成文化された．1933年，わが国は国際連盟の脱退を宣言し，蘆溝橋事件を契機に日中戦争，太平洋戦争へ向かっていた．このような時代のさなかに，「土木技術者の信条及び実践要綱」を策定した見識は土木学会の誇りである．
2. 土木学会は土木事業を担う技術者，土木工学に関わる研究者等によって構成され，1)学会としての会員相互の交流，2)学術・技術進歩への貢献，3)社会に対する直接的な貢献，を目指して活動している．

土木学会がこのたび，「土木技術者の信条および実践要綱」を改定し，新しく倫理規定を制定したのは，現在および将来の土木技術者が担うべき使命と責任の重大さを認識した発露に他ならない．

基本認識
1. 土木技術は，有史以来今日に至るまで，人々の安全を守り，生活を豊かにする社会資本を建設し，維持・管理するために貢献してきた．とくに技術の大いなる発展に支えられた現代文明は，人類の生活を飛躍的に向上させた．しかし，技術力の拡大と多様化とともに，それが自然および社会に与える影響もまた複雑化し，増大するに至った．土木技術者はその事実を深く認識し，技術の行使にあたって常に自己を律する姿勢を堅持しなければならない．
2. 現代の世代は未来の世代の生存条件を保証する責務があり，自然と人間を共生させる環境の創造と保存は，土木技術者にとって光栄ある使命である．

倫理規定
土木技術者は
1. 「美しい国土」，「安全にして安心できる生活」，「豊かな社会」をつくり，改善し，維持するためにその技術を活用し，品位と名誉を重んじ，知徳をもって社会に貢献する．
2. 自然を尊重し，現在および将来の人々の安全と福祉，健康に対する責任を最優先し，人類の持続的発展を目指して，自然および地球環境の保全と活用を図る．
3. 固有の文化に根ざした伝統技術を尊重し，先端技術の開発研究に努め，国際交流を進展させ，相互の文化を深く理解し，人類の福利高揚と安全を図る．
4. 自己の属する組織にとらわれることなく，専門的知識，技術，経験を踏まえ，総合的見地から土木事業を遂行する．

5. 専門的知識と経験の蓄積に基づき，自己の信念と良心にしたがって報告などの発表，意見の開陳を行う．
6. 長期性，大規模性，不可逆性を有する土木事業を遂行するため，地球の持続的発展や人々の安全，福祉，健康に関する情報は公開する．
7. 公衆，土木事業の依頼者および自身に対して公平，不偏な態度を保ち，誠実に業務を行う．
8. 技術的業務に関して雇用者，もしくは依頼者の誠実な代理人，あるいは受託者として行動する．
9. 人種，宗教，性，年齢に拘わらず，あらゆる人々を公平に扱う．
10. 法律，条例，規則，契約等に従って業務を行い，不当な対価を直接または間接に，与え，求め，または受け取らない．
11. 土木施設・構造物の機能，形態，および構造特性を理解し，その計画，設計，建設，維持，あるいは廃棄にあたって，先端技術のみならず伝統技術の活用を図り，生態系の維持および美の構成，ならびに歴史的遺産の保存に留意する．
12. 自己の専門的能力の向上を図り，学理・工法の研究に励み，進んでその結果を学会等に公表し，技術の発展に貢献する．
13. 自己の人格，知識，および経験を活用して人材の育成に努め，それらの人々の専門的能力を向上させるための支援を行う．
14. 自己の業務についてその意義と役割を積極的に説明し，それへの批判に誠実に対応する．さらに必要に応じて，自己および他者の業務を適切に評価し，積極的に見解を表明する．
15. 本会の定める倫理規定に従って行動し，土木技術者の社会的評価の向上に不断の努力を重ねる．とくに土木学会会員は，率先してこの規定を遵守する．

(平成11年5月7日土木学会理事会制定)

(土木学会倫理規定より引用)

以上に述べたように土木学会の倫理規定は，人類の福祉向上を技術者の使命として定義し，その使命を達成するための機能集団の構成員としての技術者がどのような倫理を保持するべきであるかという観点から定められている．

　基本認識の部分では，これまでの土木技術の歴史を振り返り，今後の展望を述べているが，巨大化し複雑化した技術を適切に制御していくことの重要性を述べている．また，土木技術者にとっては，未来の世代を含めた人類の生存を目標とすることが述べられている．

　倫理規定2条では，改めて人類の福祉を最高の目標とすることが定められており，土木学会倫理規定を特徴付けている．3条および11条において，固有の文化や伝統技術の大切さが強調されている．これは土木事業が，地域の環境や文化の中に置かれる施設を，その固有の意味を解釈しながら一つ一つ作っていくものであることを背景にしている．一般の工業製品のように，一つの基準で大量生産品を作って世界中の至るところに配送するものではない．

　4条で強調されている「自己の属する組織にとらわれることなく」という記述は重要である．土木技術者は社会全体への忠誠心を持ち，自分の属する小組織や部分社会への忠誠心を全体に対して優先すべきではないことを強調したものである．これは社会全体への忠誠心を優先することで，小組織への忠誠心を相対化することを狙っている．

　4条と8条は，一見矛盾する概念が併置されているかのような印象を与えるがそうではない．倫理的な判断では，いくつかの対立概念を相対的に判断する必要があるため，この場合にも雇用者の代理人としての立場と，自己の所属する組織にかかわらず総合的な見地を持つ立場とが併記されている．これは，ある具体的な場面において，技術者本人がその置かれた立場を総合的に判断して，適切な行為を決することが求められていることにほかならない．

　5条・6条・12条・14条は，自分の知り得た情報を積極的に公開し，事業の透明性を高めるための条文である．特に14条において他者の業務を評価し，見解を表明することを求めている．これは，技術の高度化により，技術者集団外部からの評価が難しいという状況に対応したものである．仲間内をかばうことをやめ，同一の技術者集団に属する者が適切に評価を行い，その結果を公表す

ることを求めている．

9条は，人種，宗教，性，年齢など生得的な特性による差別を禁止したものである．国際化時代を迎え，年齢や性別のみならず，人種や宗教を異にする技術者と一つの仕事に従事する機会も増える．従来のような仲間内での仕事のやり取りから，異質で未知な他者と考えられてきた人々とも協同的な関係を築いていく状況を念頭に置いたものである．

12条は，社会的な機能を果たすために，自己の専門能力の向上を計ることを求めている．現在議論されている新しい技術者資格では，これまでの技術者資格が更新を必要としない永久資格であるのと異なり，資格を5年程度で定期的に更新し，常に技術力の向上のために研鑽することを求めているのはこの条文と関連している．

以上に述べたように，倫理規定では，様々な立場からの見解を相対的に比較し，その場その場に応じた臨機応変な対応を求めている．技術者は，自らのとるべき行為を決定するに当たっては，倫理規定を何度も読み直し，熟考することが求められる．倫理規定は，行為を選択するためのマニュアルではなく，熟考によって個々の技術者の人間的な成長を促す役割をも担っているのである．

(2) その他の学会の倫理規定

1990年代末には，土木学会以外でも相次いで倫理規定が制定された．以下では，日本機械学会倫理規定と日本建築学会倫理綱領・行動規範を掲載し，筆者の見解を述べる．

日本機械学会倫理規定

（前　文）

　本会会員は，真理の探究と未踏分野の開拓によって技術の革新に挑戦し，社会と人との活動を支え，産業と文明の発展に努力する．そして，人

類の安全，健康，福祉の向上・増進と環境の保全のために，その専門的能力・技芸を最大限に発揮することを希求する．

　また，科学技術が人類の環境と生存に重大な影響を与えることを認識し，技術専門職として職務を遂行するにあたり，自らの良心と良識に従う自律ある行動が，科学技術の発展とその成果の社会への還元にとって不可欠であることを明確に自覚し，社会からの信頼と尊敬を得るために，以下に定める倫理綱領を遵守することを誓う．

(綱　領)
1. (技術者としての責任)　会員は，自らの専門的知識，技術，経験を活かして，人類の安全，健康，福祉の向上・増進を促進すべく最善を尽くす．
2. (社会に対する責任)　会員は，人類の持続可能性と社会秩序の確保にとって有益であるとする自らの判断によって，技術専門職として自ら参画する計画・事業を選択する．
3. (自己の研鑽と向上)　会員は，常に技術専門職上の能力・技芸の向上に努め，科学技術に関わる問題に対して，常に中立的・客観的な立場から正直かつ誠実に討議し，責任を持って結論を導き，実行するよう不断の努力を重ねる．これによって，技術者の社会的地位の向上を計る．
4. (情報の公開)　会員は，関与する計画・事業の意義と役割を公に積極的に説明し，それらが人類社会や環境に及ぼす影響や変化を予測評価する努力を怠らず，その結果を中立性・客観性をもって公開することを心掛ける．
5. (契約の遵守)　会員は，専門職務上の雇用者あるいは依頼者の，誠実な受託者あるいは代理人として行動し，契約の下に知り得た職務上の情報について機密保持の義務を全うする．それらの情報の中に人類社会や環境に対して重大な影響が予測される事項が存在する場合，契約者間で情報公開の了解が得られるよう努力する．
6. (他者との関係)　会員は，他者と互いの能力・技芸の向上に協力し，専門職上の批判には謙虚に耳を傾け，真摯な態度で討論すると共に，他者

の業績である知的成果，知的財産権を尊重する．
7．（公平性の確保）　会員は，国際社会における他者の文化の多様性に配慮し，個人の生来の属性によって差別せず，公平に対応して個人の自由と人格を尊重する．

(1999年12月14日　評議員会承認)

(日本機械学会倫理規定より引用)

　機械学会の倫理綱領では，技術の革新，人類の安全，健康，福祉の向上を機械技術者の目的として挙げている．5条で契約の遵守が掲げられているが，「人類社会や環境に対して重大な影響が予測される事項が存在する場合，契約者間で情報公開の了解が得られるように努力する」となっている．この条項からは，社会全体への忠誠と契約相手への忠誠が相反した場合，契約関係が優先する方向に重みがあるように読み取れる．

　しかし，全体としては，1条に書かれているように，人類に対する義務を優先する基調があるため，現実の技術者の日常の業務上の行為のレベルでは土木学会倫理規定の定めるところと大差がないように構成されている．

日本建築学会倫理綱領・行動規範

1999年5月31日総会議決　1999年6月1日実施

倫理綱領
日本建築学会は
それぞれの地域における
固有の歴史と伝統と文化を尊重し
地球規模の自然環境と

培った知恵と技術を共生させ
豊かな人間生活の基盤となる
建築の社会的役割と責任を自覚し
人々に貢献することを使命とする

行動規範
日本建築学会の会員は
1. 人類の福祉のために，自らの叡智と，培った学術・技術・芸術の持ち得る能力を傾注し，勇気と熱意をもって建築と都市環境の創造を目指す．
2. 深い知識と判断力をもって，社会生活の安全と人々の生活価値を高めるための努力を惜しまない．
3. 持続可能な発展を目指し，資源の有限性を認識するとともに，自然や地球環境のために廃棄物や汚染の発生を最小限にする．
4. 建築が近隣や社会に及ぼす影響を自ら評価し，良質な社会資本の充実と公共の利益のために努力する．
5. 社会に対して不当な損害を招き得るいかなる可能性をも公にし，排除するよう努力する．
6. 基本的人権を尊重し，他者の知的成果，著作権を侵さない．
7. 自らの専門分野において情報を発信するとともに，会員相互はもとより他の職能集団を尊重し協力を惜しまない．

(日本建築学会倫理綱領・行動規範より引用)

　建築学会の「倫理綱領・行動規範」においても，人類の福祉が最優先されるべき課題とされている．忠誠の対象を人類とし，地球全体あるいは生物全体に広げることはないという点は，工学の各学協会と共通している．これは，もともと人類の福祉を増進するために職能を与えられた技術者を，集団の構成員としている点を考えれば，当然のことと言える．
　建築学会の場合，自らの属する組織あるいは契約の相手方への忠誠と，社会

全体への忠誠のどちらを優先するかという問題に関しては,「いかなる可能性をも公にし,排除するように努力する」(5条)と明記されている.ゼネコン汚職の場合,建築物を作る営繕工事が対象として含まれていたこと,あるいは阪神大震災において建築物の手抜き工事の疑いが指摘されたことを考えると,この条項が建築系技術者の今後の行為を規定する意味は大きいと言える.

なお,環境倫理への取り組みとして2000年6月に宣言された「地球環境・建築憲章」を付録2に示す.この中では,1) 建築物の長寿命性,2) 自然との共生,3) 省エネルギー,4) 省資源と循環,5) 次世代への継承がとりあげられている.

この他に電気学会倫理綱領(付録3),化学工学会倫理規程・行動の手引き(付録4),日本原子力学会倫理規程と行動の手引(付録5) についても巻末に引用する.

(3)アメリカ土木学会の倫理規定

アメリカの場合,アメリカ土木学会(American Society of Civil Engineers),アメリカ機械学会(American Society of Mechanical Engineers),アメリカ化学会(American Chemical Society),アメリカ物理学会(American Physical Society),アメリカ計算機学会(Association of Computer Machinery),アメリカ電気電子学会(Institute of Electrical and Electronics Engineers)など,多くの学会で倫理規定が定められている.この他に,アメリカ工学系大学基準協会(Accreditation Board for Engineering and Technology),国際的団体である世界工学連合(World Federation of Engineering Organizations)でも模範的な倫理規定を定めて,参加の団体に模範に倣って倫理規定を制定するように求めている.

カナダ(例えばl'Ordre des ingenieurs du Quebec-OIQ), メキシコ(例えばUnion Mexicana de Asociaciones de Ingenieros),オーストラリア(例えばThe Institute of Engineers, Australia)などアメリカの影響が強い地域では,やはり倫理規定を制定している学協会が存在する.ただし,ヨーロッパ諸国では倫理規定の必要性が声高に叫ばれることはこれまでほとんどない.これは,旧世界の伝統を保持しているヨーロッパ諸国にはすでに行動規範と強固な社会構造[1]が存在しており,改めてそれを確認する必要を感じなかったためではないかと思われる.

---

1) 例えば,ピエール・ブルデュー,石崎晴已訳(1991):構造と実践,藤原書店.

以下に，アメリカ土木学会の現行規定を原文のまま掲載しておく[1]．同学会の「倫理規定」は，1914年9月に制定されて以来，何回かの改定を経て現行のものとなった．日本の土木学会の「土木技術者の信条及び実践要綱」(1938年制定)が「倫理規定」の翻訳をもとに作成されたことはすでに述べた通りである．「倫理規定」を原文で読むことは，日本における技術者のための倫理規定の源流を知ることにもなるであろう．

Canon 2 には教育を受けることによって，あるいは経験を積むことによって獲得した自分の専門分野を越える分野での活動を禁止している．これは，社会的機能を専門家として担うためには技術的な能力という背景が不可欠であり，その範囲を逸脱することは全体社会をだます事になるからである．日本の諸学会の倫理規定ではこの点が曖昧に扱われている．

Code of Ethics, American Society of Civil Engineers

Fundamental Principles

Engineers uphold and advance the integrity, honor and dignity of the engineering profession by:
1. using their knowledge and skill for the enhancement of human welfare and the environment;
2. being honest and impartial and serving with fidelity the public, their employers and clients;
3. striving to increase the competence and prestige of the engineering profession; and
4. supporting the professional and technical societies of their disciplines.

Fundamental Canons
1. Engineers shall hold paramount the safety, health and welfare of the

---

1) 付録6に和訳((社)日本技術士会訳編：科学技術者の倫理，丸善，より引用，一部修正)を示す．

public and shall strive to comply with the principles of sustainable development in the performance of their professional duties.
2. Engineers shall perform services only in areas of their competence.
3. Engineers shall issue public statements only in an objective and truthful manner.
4. Engineers shall act in professional matters for each employer or client as faithful agents or trustees, and shall avoid conflicts of interest.
5. Engineers shall build their professional reputation on the merit of their services and shall not compete unfairly with others.
6. Engineers shall act in such a manner as to uphold and enhance the honor, integrity, and dignity of the engineering profession.
7. Engineers shall continue their professional development throughout their careers, and shall provide opportunities for the professional development of those engineers under their supervision.

Guidelines to Practice Under the Fundamental Canons of Ethics

CANON 1.
Engineers shall hold paramount the safety, health and welfare of the public and shall strive to comply with the principles of sustainable development in the performance of their professional duties.

a. Engineers shall recognize that the lives, safety, health and welfare of the general public are dependent upon engineering judgments, decisions and practices incorporated into structures, machines, products, processes and devices.
b. Engineers shall approve or seal only those design documents, reviewed or prepared by them, which are determined to be safe for public health and welfare in conformity with accepted engineering standards.
c. Engineers whose professional judgment is overruled under circumstances where the safety, health and welfare of the public are endangered, or the principles of sustainable development ignored, shall inform their clients or employers of the possible consequences.
d. Engineers who have knowledge or reason to believe that another person or firm may be in violation of any of the provisions of Canon 1 shall present such information to the proper authority in writing and shall

cooperate with the proper authority in furnishing such further information or assistance as may be required.
e. Engineers should seek opportunities to be of constructive service in civic affairs and work for the advancement of the safety, health and well-being of their communities, and the protection of the environment through the practice of sustainable development.
f. Engineers should be committed to improving the environment by adherence to the principles of sustainable development so as to enhance the quality of life of the general public.

CANON 2.
Engineers shall perform services only in areas of their competence.

a. Engineers shall undertake to perform engineering assignments only when qualified by education or experience in the technical field of engineering involved.
b. Engineers may accept an assignment requiring education or experience outside of their own fields of competence, provided their services are restricted to those phases of the project in which they are qualified. All other phases of such project shall be performed by qualified associates, consultants, or employees.
c. Engineers shall not affix their signatures or seals to any engineering plan or document dealing with subject matter in which they lack competence by virtue of education or experience or to any such plan or document not reviewed or prepared under their supervisory control.

CANON 3.
Engineers shall issue public statements only in an objective and truthful manner.

a. Engineers should endeavor to extend the public knowledge of engineering and sustainable development, and shall not participate in the dissemination of untrue, unfair or exaggerated statements regarding engineering.
b. Engineers shall be objective and truthful in professional reports, statements, or testimony. They shall include all relevant and pertinent information in such reports, statements, or testimony.

c. Engineers, when serving as expert witnesses, shall express an engineering opinion only when it is founded upon adequate knowledge of the facts, upon a background of technical competence, and upon honest conviction.
d. Engineers shall issue no statements, criticisms, or arguments on engineering matters which are inspired or paid for by interested parties, unless they indicate on whose behalf the statements are made.
e. Engineers shall be dignified and modest in explaining their work and merit, and will avoid any act tending to promote their own interests at the expense of the integrity, honor and dignity of the profession.

CANON 4.
Engineers shall act in professional matters for each employer or client as faithful agents or trustees, and shall avoid conflicts of interest.

a. Engineers shall avoid all known or potential conflicts of interest with their employers or clients and shall promptly in form their employers or clients of any business association, interests, or circumstances which could influence their judgment or the quality of their services.
b. Engineers shall not accept compensation from more than one party for services on the same project, or for services pertaining to the same project, unless the circumstances are fully disclosed to and agreed to, by all interested parties.
c. Engineers shall not solicit or accept gratuities, directly or indirectly, from contractors, their agents, or other parties dealing with their clients or employers in connection with work for which they are responsible.
d. Engineers in public service as members, advisors, or employees of a governmental body or department shall not participate in considerations or actions with respect to services solicited or provided by them or their organization in private or public engineering practice.
e. Engineers shall advise their employers or clients when, as a result of their studies, they believe a project will not be successful.
f. Engineers shall not use confidential information coming to them in the course of their assignments as a means of making personal profit if such action is adverse to the interests of their clients, employers or the public.
g. Engineers shall not accept professional employment outside of their

regular work or interest without the knowledge of their employers.

CANON 5.
Engineers shall build their professional reputation on the merit of their services and shall not compete unfairly with others.

a. Engineers shall not give, solicit or receive either directly or indirectly, any political contribution, gratuity, or unlawful consideration in order to secure work, exclusive of securing salaried positions through employment agencies.
b. Engineers should negotiate contracts for professional services fairly and on the basis of demonstrated competence and qualifications for the type of professional service required.
c. Engineers may request, propose or accept professional commissions on a contingent basis only under circumstances in which their professional judgments would not be compromised.
d. Engineers shall not falsify or permit misrepresentation of their academic or professional qualifications or experience.
e. Engineers shall give proper credit for engineering work to those to whom credit is due, and shall recognize the proprietary interests of others. Whenever possible, they shall name the person or persons who may be responsible for designs, inventions, writings or other accomplishments.
f. Engineers may advertise professional services in a way that does not contain misleading language or is in any other manner derogatory to the dignity of the profession. Examples of permissible advertising are as follows:
Professional cards in recognized, dignified publications, and listings in rosters or directories published by responsible organizations, provided that the cards or listings are consistent in size and content and are in a section of the publication regularly devoted to such professional cards.

Brochures which factually describe experience, facilities, personnel and capacity to render service, providing they are not misleading with respect to the engineer's participation in projects described.

Display advertising in recognized dignified business and professional publications, providing it is factual and is not misleading with respect to the engineer's extent of participation in projects described.

A statement of the engineers' names or the name of the firm and statement of the type of service posted on projects for which they render services. Preparation or authorization of descriptive articles for the lay or technical press, which are factual and dignified. Such articles shall not imply anything more than direct participation in the project described.

Permission by engineers for their names to be used in commercial advertisements, such as may be published by contractors, material suppliers, etc., only by means of a modest, dignified notation acknowledging the engineers' participation in the project described. Such permission shall not include public endorsement of proprietary products.

g. Engineers shall not maliciously or falsely, directly or indirectly, injure the professional reputation, prospects, practice or employment of another engineer or indiscriminately criticize another's work.
h. Engineers shall not use equipment, supplies, laboratory or office facilities of their employers to carry on outside private practice without the consent of their employers.

CANON 6.
Engineers shall act in such a manner as to uphold and enhance the honor, integrity, and dignity of the engineering profession.

a. Engineers shall not knowingly act in a manner which will be derogatory to the honor, integrity, or dignity of the engineering profession or knowingly engage in business or professional practices of a fraudulent, dishonest or unethical nature.

CANON 7.
Engineers shall continue their professional development throughout their careers, and shall provide opportunities for the professional development of those engineers under their supervision.

a. Engineers should keep current in their specialty fields by engaging in professional practice, participating in continuing education courses, reading in the technical literature, and attending professional meetings and seminars.
b. Engineers should encourage their engineering employees to become registered at the earliest possible date.
c. Engineers should encourage engineering employees to attend and present papers at professional and technical society meetings.
d. Engineers shall uphold the principle of mutually satisfying relationships between employers and employees with respect to terms of employment including professional grade descriptions, salary ranges, and fringe benefits.

1. As adopted September 2, 1914, and most recently amended November 10, 1996.
2. The American Society of Civil Engineers adopted THE FUNDAMENTAL PRINCIPLES of the ABET Code of Ethics of Engineers as accepted by the Accreditation Board for Engineering and Technology, Inc. (ABET). (By ASCE Board of Direction action April 12-14, 1975)
3. In November 1996, the ASCE Board of Direction adopted the following definition of Sustainable Development:
    "Sustainable Development is the challenge of meeting human needs for natural resources, industrial products, energy, food, transportation, shelter, and effective waste management while conserving and protecting environmental quality and the natural resource base essential for future development."

(アメリカ土木学会倫理規定より引用)

第3章

倫理教育の実践

3.1 アメリカにおける実践——事例教育の発展

　アメリカの大学では，事例教育を用いた倫理教育が実施されている．ここでは大学学部の低学年と，学部高学年および大学院の学生を対象にした倫理教育で使用するのに適当な事例を紹介する．事例教育は，もともと途上国の開発援助に携わる技術者への教育方法としても用いられてきたものである．途上国開発分野の事例(英語ではCase)の蓄積はかなり豊富であり，これらの事例は，財団法人・国際開発高等教育機構(FASID)のウェブサイト[1]にも紹介されている．倫理教育に関するアメリカの状況については，アメリカオンライン理工学倫理研究センターのウェブサイト[2]が参考になる．

(1) 大学学部低学年向けの事例

　第1章に紹介したスペースシャトル・チャレンジャー号事件は，工学部学生を対象とした倫理教育の初歩段階で使用するのに適当な事例である．
　1986年1月18日，世界の目は，アメリカ・ヒューストンの宇宙基地から打ち上げられるスペースシャトル・チャレンジャー号の発射に注がれていた．NASAは民間人の女性教師クリスタ・マコーリフを乗組員として採用し，宇宙からの

---

1) http://www.fasid.or.jp/kenshu/case/shuroku.html
2) http://onlineethics.org/

授業を行なうなど，意欲的なプロジェクトを組んでいた．日系のオニヅカ氏が乗組員に含まれるなど，日本にとっても関心の高い計画であった．ところが，チャレンジャー号は，発射の2分後に打ち上げ用のロケットが爆発炎上し，人人の目の前で7人の乗組員を乗せたまま，墜落してしまった．

　実は，打ち上げの前日，技術者達はチャレンジャー号の打ち上げに反対していた．地上の温度が極めて低温であるために，もし打ち上げを強行すれば，故障を起こす可能性があることに気づいていたからである．しかし，結果として技術者達の意見は無視され，爆発炎上というあのような悲劇を生んでしまった．打ち上げ決行という判断に至るプロセスで，どこかで打ち上げにストップをかけることはできなかったのかというのがこの事例の討論の焦点である．この有名な事例については，テレビ番組[1]の中でも紹介されており，その録画ビデオを授業中に上映することで，学生の興味を引きつけることができる．

　議論は，学生が登場する技術者たちの立場を正確に理解するところから始まる．アメリカ議会上院事故調査委員会での13日間にわたる審議と70人以上の証人の証言から，以下の事実が明らかになっている．

1) ロケットの設計・作成を担当したモートン・サイオコール社の設計技術者ロジャー・ボジョリーは，前年に摂氏12度でのロケット打ち上げで問題が生じていたために，マイナス6度での打ち上げに強く反対していた．故障の原因は，低温時において接合部のOリングが不具合となり，燃料漏れが起きる可能性が高いということであった．

2) NASA（アメリカ航空宇宙局）のマネージャー，ローレンス・ムロイによれば，サイオコール社の主張を認めて温度を理由に打ち上げを延期すれば，温度基準の変更により，今後は春以降にしか打ち上げを実施できなくなる．また，前年の事故の際にも二重にOリングを使用していたために失敗には至らなかったことなどがあり，延期の必要はないということであった．

3) NASAとサイオコール社の話し合いは，打ち上げ前夜の11時に至って決着した．NASAの打ち上げへの強い意向に押されたサイオコール社の幹部4人は，投票の結果，全員一致で打ち上げを容認した．その際，主任技術者を兼ねて

---

1) NHK「世紀を越えて―巨大システムの恐怖」，平成12年3月26日放送．

いる技術担当副社長ロバート・ランドは，最後まで反対していたが，「いいかげんに経営者の帽子をかぶれ」と社長から言われ，ついに反対を取り下げた．

学生にローレンス・ムロイ（NASAマネージャー），ロバート・ランド（サイオコール社・技術担当副社長），ロジャー・ボジョリー（サイオコール社担当技術者）の三者の役割を与え，討論させることから始めるのも方策の一つである．この例題に対して，学生がどのような意見を提出するかという点に関しては，3.4節(3)に意見が例示してある．議論のまとめ役がどのように討論をまとめ，さらにどのような解決方法が妥当であったかを考える際に参考にしていただきたい．また，付録7に与えられた役割ごとに使用する報告書の書式を添付した．

議論を進める際には，当時のNASAがどのような状況に置かれていたかを正確に理解することも重要である．当時のアメリカは，不況の真っ只中にあり，政府の巨額の科学技術予算は国民や議会の十分な支持を得ていなかった．NASAは，組織の威信と存亡をかけてチャレンジャー号の打ち上げを成功させる必要があり，事実，ロナルド・レーガン大統領（当時）も年頭教書の発表をチャレンジャーの打ち上げ直後に行うべく，その成功を待っていた．

チャレンジャー号の事例を教室で取り上げる場合には，チャレンジャー号の打ち上げを取り巻くこうした社会的背景を十分に説明した上で使用する必要があることは言うまでもない．

(2) 大学学部高学年および大学院学生向けの事例

ニューヨークのCiticorp Centerの建設に当たっての建設コンサルタントであったルメジャーの例は，1996年10月のアメリカ土木学会誌（Civil Engineering）[1]，1998年のマサチューセッツ工科大学（MIT）同窓会機関紙（SPECRVM）[2]にも取り上げられたほど有名な事例である．

1927年生まれのウィリアム・ルメジャーは，ハーバード大学を卒業し，1953年にMITで土木工学の修士号を取得した．その後，構造系のコンサルタント

---

1) Goldstein, S.H. and Rubin, R.A. (1996): Engineering Ethics, Civil Engineering, pp.41-44, ASCE.
2) Kargianis E. (1998): The Right Stuff, Specrvm.

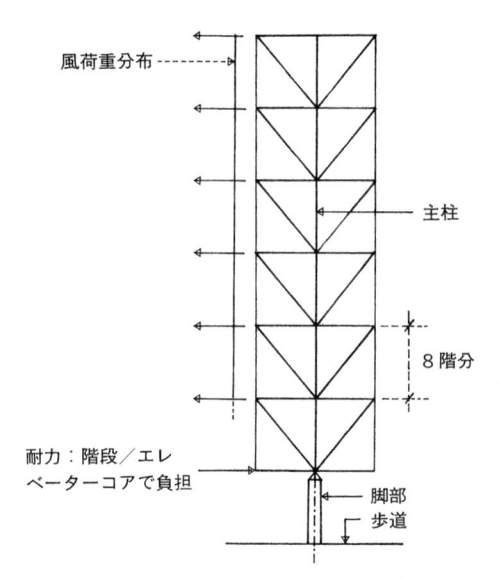

図 3.1 Citicorp Center の構造[1]

として自分の会社を経営していたが，1978年に彼がコンサルタントを勤めるニューヨークの Citicorp Center がほぼ完成した．工事の過程で，経費削減のために構造材の接合を溶接からボルト接合に変更したいと施工会社が提案したところ，コンサルタントであるルメジャーはこの変更に同意した．

ルメジャーは，ハーバード大学で非常勤講師として構造デザインの講義を担当していた．授業でかつて自分が手がけた Citicorp Center の構造について追算を試みた結果，強風に対する耐力が不足していることを発見した．図3.1は，その構造の概略を示したものである．その週末，彼は，不安な気持ちと Citicorp Center に関するデータを携えて，メイン州セバゴ湖のほとりにある別荘に夫人とともに出かけた．再計算の結果，本来，50年の再起確率の強風に耐えるものとして設計されていたものが，実は16年再起確率の強風にしか耐えられないことが判明したのであった．

すでに完成し，供用を待つばかりの自ら設計した建物が危険であるとわかったときの彼の胸中には，様々な思いが交錯したとものと思われる．建設コンサ

---

1) Goldstein, Rubin (1996)：Civil Eng, 10月号, p.43 ASCE，を参考に作成した．

ルタントとしてこれまで築き上げてきた名声がこの件で一気に崩れ落ちないか，供用の遅れに対して施主から訴訟が起こされ，莫大な賠償金が要求されはしないか．賠償金が保険から支払われた結果，今後の保険料が大きく値上がりし，コンサルタント事務所を経営することが不可能になりはしないか．あるいは他の部材の強度を少し上乗せすれば計算上は事態が好転するのではないか．このまま放置しても数十年の供用期間中であれば，施工状態が良ければ何とか持つのではないか．風のデータには誤差が含まれており，風外力はそれほど大きくはないのではないか，と少しでも自分に有利な想定をする誘惑が彼を襲ったであろうと推察できる．また，マスコミはどのように反応するだろうか，などとも考えたであろう．

しかし，結局，ルメジャーは直ちに必要な手を打つことを決心し，彼が所属しているコンサルタント会社の顧問弁護士や賠償保障保険に加入している保険会社に事情を報告した．また，注文主であるCiticorpにも連絡して，構造の補強修理についての了承を得た．市当局の協力も取り付け，無事に修理を終了することができた．マスコミの反応もおおむね好意的であった．その後，Citicorpから400万ドルに及ぶ修理費およびその間の休業保証に関する請求書が送られてきたが，保険会社が200万ドルを支払うことで和解が成立した．結果として，ルメジャーの迅速な行動により，彼の名声は傷つくことはなかった．

先に紹介した1998年のマサチューセッツ工科大学(MIT)同窓会機関紙(SPECRVM)のルメジャーのインタビューでは，72歳になった彼が，この時の自分の行動を誇りを持って振り返り，技術者の公共への責任を強調している．

この事件を事例として討論の題材とする場合，条件の設定をクラスの中で変更してみるのも一案である．例えば16年の再起確率の強風に対して「危険である」という結果が出た場合と，これが20年なら，あるいは40年ならどうなるかなど，いくつかの場合を比較してみる必要がある．また，欠陥に気づいた技術者が，会社を退任した後である場合，あるいは主任技術者ではなく，その補佐役の若手技術者である場合など，いろいろの場面設定が考えられる．

3.2　日本における事例

日本における教育事例を収集していくことは今後の課題であるが，ここでは，どのような事例を対象とすればよいのかについて，具体的な例を挙げて検討する．

(1) 道路建設中に遺跡を発見した現場責任者のジレンマ

土木技術者が遭遇する典型的な事例として，道路建設中の遺跡の発見について考えてみる．道路建設の過程で遺跡が発見される例は，近年では多くの実例がある．例えば，島根県加茂岩倉遺跡で31個にのぼる大量の銅鐸が発見された例(1996年)，奈良県飛鳥村で飛鳥時代の道路の舗装部分が発見された例(1998年)は，その代表的なものである．その他にも多くの土木工事や建築工事で遺跡が発見される例は多く，東京大学の御殿下記念館の工事(1977年開始)では，江戸時代中期以前の加賀藩前田家の下屋敷の遺構と調度品が出土している．JRの旧貨物駅(汐留駅)の再開発事業でも，江戸時代の大名屋敷の遺構が発掘されている．これらの発掘作業は，非常に時間がかかる(数年にわたる場合もある)ため，工事の事業者にとっては大幅な工期の遅れを伴い，工費を銀行等の融資でまかなう場合は多額の金利負担が新たに発生する場合もある．

現場の責任者が遺跡を発見した場合，これが縄文時代あるいは弥生時代といった非常に古い遺跡，または古代，中世の遺跡である可能性が高い場合には，文化財保護法[1]により届け出が義務付けられているため，どう行動すべきかはかなり自明である．事業者の理解を得られるかという問題も，昨今の遺跡発掘の事例から見てそれほど難しい問題ではないため，適切な対応を取るのは困難ではない．

はたして，比較的新しい遺跡の場合はどうであろうか．近世(江戸時代)，近代(明治時代)までは古いものと同様に扱うにしても，大正時代・昭和時代と時

---

[1]　文化財保護法第57条の5,6項に埋蔵遺跡を発見した場合の措置が定められており，同法第2条に文化財の定義が示されている．文化財保護法(抄)を付録8に示す．

代が新しくなるにつれ，その価値を評価することは容易ではなく，評価し得る研究者の数も限られてくる．技術者のジレンマが発生するのは，まさにこのような事態であると思われる．遺跡の価値の評価が低ければそれだけ事業者の理解も得にくく，対応の仕方が難しくなる．

土木学会倫理規定 11 条（歴史的遺産の保存）は，こうした遺跡の評価をめぐる事態に関連した規定である．先に述べたように土木構造物の規模にかかわらず，建設中に歴史的遺産に遭遇することは日常的に起こり得ることであり，「生態系の維持および美の構成，ならびに歴史的遺産の保存に留意する」とうたわれている．

(2) 建設工事により伐採が必要な樹木についてのジレンマ

地域のシンボルとも言える大きな樹木にどう対応すべきかという事態も，難しい問題を引き起こす可能性がある．現在では，かなりの大木でも移転が可能であるため，必ずしも伐採に至らなくとも良いが，地域のシンボルとも言える大木の移転は難しい問題である．

また，大規模な地下構造物を作る場合には，地下水位の低下により枯死する可能性や，因果関係は必ずしも明らかでないが樹木が枯死にいたる場合も出てくる．因果関係が立証できないが，心証としては枯死に至る可能性が高い場合に技術者の判断はどうあるべきかは難しい問題である．

土木学会倫理規定 2 条（自然環境の保全と活用）は，こうした大樹の保全に関連する規定である．第 2 条には「自然を尊重し，……，自然および地球環境の保全と活用を図る」とあり，人々の安全と福祉，健康に対する責任を最優先しながらも，自然への配慮を同時に求めている．

(3) 最新の事例の調査と討論の同時進行

1999 年 9 月 30 日に発生した茨城県東海村ジェー・シー・オー（JCO，住友金属鉱山の子会社）の核燃料加工施設における日本初の臨界事故は，同時代の事件であるため学習者が自ら調べながら学ぶ事例として適当である．討論は事故発生後の対応についてよりも，事故に至るまでになぜ危険な状態が放置されて

48 第3章 倫理教育の実践

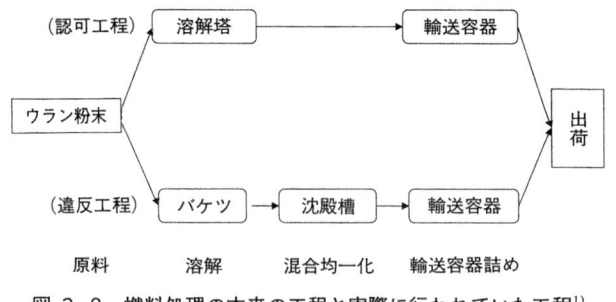

```
(認可工程) ─→ 溶解塔 ─────→ 輸送容器
           ↗                        ↘
  ウラン粉末                           出荷
           ↘                        ↗
(違反工程) ─→ バケツ ─→ 沈殿槽 ─→ 輸送容器

   原料      溶解    混合均一化   輸送容器詰め
```

図 3.2 燃料処理の本来の工程と実際に行われていた工程[1]

いたのかに焦点を当てる方がよい．それは，倫理教育の普及によって，事故を未然に防ぐ可能性が大きく高まるからである．

　事故発生までの経過は，以下のようにまとめることができる．JCO は，1986 年以来，高濃度のウラン燃料の処理を業務としていたが，事故を起こした燃料の製造は，会社としては 3 年ぶりの作業で，事故で死亡した作業員 2 人にとっては初めての作業であった．この作業は，本来高濃度のウランを混ぜ合わせるために溶解塔を用いることになっており，溶解塔には万一の臨界に至った場合にも，中性子を吸収する装置が装着されているため，臨界が継続することはなく，大事故に発展する可能性はきわめて少ない．ところが同社では，1992 年から製品の回収率をあげ，作業効率を上げるために一種の QC 運動[2]としてバケツを用いて沈殿槽の容器に溶かし込む方法を開発し，これを常用していた．この工程の変更については，当時の担当者によって上司に報告されていた．図 3.2 は，本来の工程と実際に行われていた工程を図示したものである．

　1995 年 9 月に行われた同社の安全に関する会議で，バケツを使用する工程の問題点が議論されたが，この会議には所長（当時）以下が出席していた．この会議の内容は，社外用の議事録では削除され，会議後もバケツ使用の工程は続行されていた．

　バケツの使用は，その効率のよさが評価され，会社ぐるみの合意の下に使用

---

1) JCO 臨界事故におけるヒューマンファクター上の問題（日本原子力学会ヒューマン・マシン・システム研究部会 JCO 事故調査特別作業会報告），図 2.1 を修正の上作成した．
2) 職場ごとの自発的な品質向上のための活動で，日本企業特有のボトムアップの活動といわれている．

が継続されていた．原子力関連の工場には，科学技術庁による検査が行われ，国が認めた工程通りに作業が行われているかどうかを外部の者が調べることになっていた．しかし，実際には，この検査は事故が起こるまで抜き打ちで行われることはなく，事前連絡があった後に行われていた．確かに事前に連絡があれば，現場もしかるべく用意をするため，検査は短時間で能率的に行われるのであろうが，会社側が隠蔽したいものを持っている場合にはそれを発見することは難しい．

JCO事件については，以下の3点が教室での議論の論点となろう．

1) なぜ原子炉燃料の精製過程で，バケツを用いた混合が本来の作業マニュアルに違反したまま行われていたのか．
2) 当時，JCOは外国からの安価な燃料の輸入との競争にさらされており，徹底的な経費の削減が会社の存続のために必要であった．このような状況に置かれた私企業を放置することは，原子力というリスクを伴う産業を育成していく上で，発注者・監督官庁の立場に誤りはなかったのか．
3) なぜ現場で作業をする者が，16 kgもの大量のウランを投入することにより，臨界状態に達する可能性があることに気がつかなかったのか．作業を簡便にするために一度に必要量を混ぜてしまおうという生活レベルの感覚を，専門家が止められなかったとすれば，管理および教育のレベルがあまりにも低いのではないか．

日本の場合，事故後の処理に大きな関心が向けられ，なぜそのような事故が起こったのかという原因の究明とその背景にある人的な要因を調べる努力が行われない場合が多い．科学技術庁(現・文部科学省)のウェッブページ[1]，新聞社のウェッブページをみても，このような面が感じられる．この事例に関しては，いずれ事件の全容が裁判などを通じて明らかになると思われるが，学習者が自ら資料を調べ，新しい事実を教室に持ち寄る方法は，事故の結果に驚くよりも，事故発生に至るまでのプロセスを多角的な視点から考察するための事例として格好のものである．

---

1) http://www.mext.go.jp/a_menu/kagaku/index.html

土木学会倫理規定を準用すると，JCO の原子力技術者に求められていたのは，4条(自己の属する組織にとらわれることなく)と5条(自己の信念と良心に従って意見の開陳を行う)に関連する事柄である．しかし，安全に関する会議で意見の開陳をしてもその意見が受入れられなかった場合，さらに外部に向かって発表すべきか否かを決意させるのは，専門家としての判断である．この作業が臨界事故を引き起こす可能性がある危険なものと予測できるだけの技術的想像力と，それに対して確信を持てるだけの技術力がなければ，外部への発表を躊躇することは考えられないことではない．土木学会倫理規定の12条(専門的能力の向上，研究)で技術的能力の向上を求めているのは，このような場面での技術者としての判断に必要だからである．

国の定める規則に違反していたという論点は，あくまで規則違反，法律違反という論点から捉える点であって，倫理教育における中心論点ではない．むしろ，内部の会議で取り上げられていた事項がなぜ改善されることなく放置されてしまったのかという点を議論すべきであると思われる．疑問点が残るにもかかわらず，「会議を支配している雰囲気」，すなわち「いつまでこの問題にかかずらわっているのか」というような専門家以外からの圧力に屈して沈黙し，改善の機会を逃してしまうのは，日本の組織では日常的に起こっている風景である．このような態度では明らかに専門家としての職能を果たしていない．会議の場で自信を持って専門家としての意見を述べ，全体を説得する力を持つためには，日頃の専門家としての厳しい研鑽と飽くなき研究心が求められる．付録6にグループ討論の報告書書式を添付した．

この他に使用に適した事例としては，
①山陽新幹線のトンネル部でコンクリートが下落し，施工時にコンクリートの打ち込みを担当した土木技術者の責任が問われた事例(1999年6月)
②雪印乳業が販売した牛乳による中毒患者が発生し，黄色ブドウ球菌による汚染が発見された事例(2000年8月)
③建設談合への批判が高まる中，北海道で道庁が主導して談合が行われていた事が発覚した事例(2000年7月)
がある．いずれも最近の事例であるために討論の材料も集めやすい．

3.3 最近の日本や世界における事例[1]

(1) 核燃料加工会社ジェー・シー・オー (JCO) 事故のその後

　JCO 事故については 2003 年 3 月に水戸地方裁判所から元所長ら 6 被告に執行猶予付きの判決が言い渡された．その後，裁判記録が公開されることにより，事件の真相が次第に明らかにされてきた．裁判の過程で以下の事実が明らかになった（以下に判決要旨を示す）．

① JCO は，国からの許可を受けた工程の内容を，燃料生産工程上の都合から次次に変更していったこと．

② 製造部計画グループ主任は，原子力技術者としての専門教育を受けていた．それにもかかわらず，ウランを含有する溶液を混ぜ合わせて，ウランの質量が集積されると，臨界が発生する危険性が高いことに気づかず，現場の要請に対して許可を与えたこと．このグループ主任は，ウランが単体ではなく，溶液の状態でも臨界が起こるという点を見逃していた．

　裁判の結果明らかになった問題点の一つは，②にみられるように，専門の教育を受けた技術者が，必ずしもその専門領域についての正しい知識とその知識を現実に応用する能力を持っていなかった点である．土木学会の倫理規定 12 条（自己の専門的能力の向上）の規定に従い，個々の技術者に対して自助努力を求めるのと同時に，同 13 条（人材の育成）に従って，配下の技術者に対する教育の必要性を正しく理解し，実践することが求められる．

JCO 事故に対する水戸地方裁判所の判決要旨

　東海村臨界事故で水戸地方裁判所が，核燃料加工会社ジェー・シー・

---

[1] 最新の事例については http://www.f.waseda.jp/shibayama/ に紹介してある．

オー元東海事業所長らに言い渡した判決の要旨は次の通りである．

(原文のまま引用)

一、業務上過失致死について

　ジェー・オー・シーの東海事業所長，製造部長，核燃料取扱主任者，製造部職場長の各被告は，常陽第九次操業における溶液製造作業（本件操業）に当たって，作業の従事者に対し内閣総理大臣の許可内容を順守した加工作業を行うよう指示監督し，臨界教育を実施するなど臨界事故発生を防止するための措置を講ずべき業務上の注意義務があるのに何ら措置を講じなかった過失がある．

　製造部計画グループ主任は，1999年9月29日，副長から本件操業での混合均一化作業を行うに当たって，沈殿槽に7バッチ分のウランを含有する硝酸ウラニル溶液を注入してかくはん・混合することの承認を求められた際，臨界が発生する危険性が極めて高かったのであるから，これを承認しないで臨界を防止すべき義務があるのに危険性を看過し承認を与えた過失がある．

　副長は手順書を確認し，溶液製造作業の経験者に確認するなどして臨界管理方法を順守した作業を行うよう部下に指示し操業を行わせるべき義務があるのに，同29日，転換試験棟で，計約7バッチ分のウランを含有する溶液を沈殿槽内に注入することを指示した過失がある．

一、原子炉等規制法違反について（略）

一、労働安全衛生法違反について（略）

（量刑の理由）

　本件はわが国において初めての臨界事故で，被害者両名が死亡するという重大な結果を生じたばかりか地域社会のみならず日本社会全体に与えた衝撃も極めて大きく，核燃料加工事業，原子力の安全性に対する国民の信頼が大きく揺らいだといっても過言ではない．

　背景には被告会社の長年にわたるずさんな安全管理体制があったと認められ，安全軽視の姿勢は激しく責められなければならない．各被告も地位・役職に応じ事故を未然に防止すべき職務を負っていながら，臨界管理の重要性に思いを致すことなく，漫然と職務に従事したため，事故を引き

起こしており責任は重大で，その安全軽視の姿勢は厳しく非難されなければならない．

臨界事故は，長年にわたるずさんな安全管理体制下にあった同社の企業活動において発生したもので，企業の一員であった被告らだけが事故発生に寄与したわけでないことから，事故の結果が極めて重大であるからといって，過度に重い刑をもって被告個人の責任を問うことは事故の実態を反映させることにはならない．

以上の事情を総合考慮すると，同社に対しておよそ法が許す限り最高の刑罰を科すのが相当であるが，各被告については主文の刑をそれぞれ量定した上で，禁固刑についてはその執行を猶予することにした．

(2) 耐震補強工事の不備

技術者倫理の重要性が技術者の間で一般的になるにつれて，工事に関わった関係者が「ホイッスルを吹く」(whistle-blowing)，すなわち内部告発する例が日本でも見られるようになってきた．代表的な事例は，2002年10月に，工事を担当した建設会社の社員が，岐阜県庁あてに電話で，工事が不備であることを通報した橋梁の耐震補強工事である．

阪神淡路大震災以降，既存の桁橋は地震時の振動により橋桁が橋脚から落下する可能性があったため，落橋防止装置を設置する工事が全国規模で進められた．図3.3に防止装置の概要を示す．この装置は，橋脚本体に穴を開け，ボルトを用いて本体と装置を接合するものであった．通報は，このボルトの長さが不足していることを指摘したものであった．この通報を受けて岐阜県が調査した結果，81の橋のうち33から長さが不足したボルトが見つかった（日本経済新聞2003年2月18日朝刊による）．

岐阜県での通報を契機として，その他の機関でも調査が行われた．その結果，国土交通省は2月17日の時点で，中部地方整備局管内で問題が存在することを確認した．中部地方整備局の場合，調査対象となった30の橋のうち，14の橋でボルトの長さの不足が見つかっている．著しい例では，90 cmのボルトが必要である箇所で34 cmしかないボルトが使用されていた（日本経済新聞2003年2

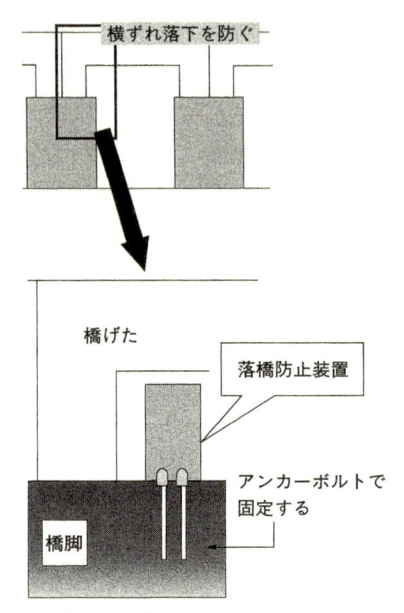

図 3.3 落橋防止装置の概要と補強部分のボルト

月18日朝刊).

　その後,国土交通省は全国調査に乗り出し,2003年7月25日までに全国で約39,000ある落下防止装置のうち18,000個の調査を終えた時点で,174橋の902箇所に施工不良を発見したことを発表した(日本経済新聞2003年7月26日朝刊).

　この全国調査以後,各工事の責任者に対して,工事終了後に超音波を用いたアンカーボルトの長さの検査が義務付けられることになった.さらに2003年4月4日には日本道路公団の調査結果が公表され,調査した8つの橋のうち2つの橋でボルトの長さが不足していることが判明した.

　この問題は,その後,さらなる広がりを見せた.先の国土交通省による全国の道路調査の結果は以下のようであった.349,656本のボルトのうち5,282本で不良が発見され,不良率は1.51％に上っている.JR西日本でも同様の調査をした結果,28,721本中943本が不良(不良率は3.28％)であることが判明した.

　こうした調査結果からわかることは,ボルトを設計図通りの長さにしないと

いう手抜きが一部の業者によって行われていたのではなく，複数の業者によって全国規模で習慣化されていたということである．別の言い方をすれば，ボルトの長さ不足の問題は，落下防止装置装着工事で頻繁に直面する施工法上の問題であるということである，しかしながら，施工業者の側からは，指定された長さのボルトを打ち込めないという事態について発注者側に協議を申し入れるということはなかったのである．

一方，発注者側の技術者（岐阜県庁所属）は，このような事態をまったく予測していなかったと語っている．しかし，橋脚内の鉄筋の密な配置状況を考えれば，新たに穴をあける場合にかなりの頻度で鉄筋に遭遇し，アンカーボルトの挿入に支障を生じることは技術力と現場での作業への想像力を持った技術者であれば，ある程度予測のつく事態であると思われる．

規定通りの長さを確保しないまま工事が進められる現実の背景には，発注者と施工者相互の間で技術的な問題について話し合いをする雰囲気も機会もないという習慣や発注者に対して施工者は下位の立場にあるという両者の関係性の問題がある．日本の場合，発注者と受注者との間にコミュニケーションが欠如していることは繰り返し観察されるところであるが，施工不良という事態が生じている以上，これまでの両者の関係性が健全に機能してきたとは言えないだろう．

発注者と施工者という技術者集団間の関係性を見直す上で手がかりになるのが，土木学会の倫理規定4条「自己の属する組織にとらわれることなく……土木事業を遂行する」こと，および同8条「……依頼者の誠実な……受託者として行動する」こと，の二つの規定である．

発注者も施工者も技術者として倫理規定に従って行動することは，不良工事を個々の問題に帰結させずに，建設業界全体の伝統的な社会関係のあり方を組み替えるための第一歩となる．発注者も施工者も従来の習慣や関係の中で問題を消極的に扱うのではなく，倫理規定に基づく自律的な関係の中で問題を正視し解決していくことが求められる．

(3) 東京電力など電力会社の事例

2002年8月に，東京電力が原子力発電所の点検記録を改ざんしていたことが

発覚した事例がある．この場合も 2000 年 7 月に原子力保安院に送られた内部告発（whistle-blowing）の手紙が発覚のきっかけであった．この告発は，米国ゼネラルエレクトリック（GE）からその子会社（GE International Inc., GEII）に出向していたアメリカの技術者により行われた．東京電力は，原子力発電所の点検作業を GEII に委託していたが，炉心の隔壁のひび割れのうち比較的軽い症状のものを記録から除くなどの書き換えを行っていたのである．

東京電力は，記録改ざんの指摘に対して，2002 年 9 月に社内調査の結果を公表した（日本経済新聞 2002 年 9 月 18 日朝刊）．2000 年 12 月に不正を原子力保安院から通知された東京電力は，その後 2001 年 6 月に GEII から報告された具体的な問題の指摘を受けて，直ちに安全評価を行い，安全性に問題のないことを確認した上で，原子力保安院に届け出た．

しかしながら，東京電力のルール違反に対する世論の反発の大きさから，東京電力は 2002 年 9 月以降，安全点検のために原子炉の運転を次々に停止せざるを得なくなった．原子炉の安全確認作業には多大な時間がかかり，2003 年 6 月時点で稼動中の原子炉は，全 17 機のうち 1 機のみであった．

東京電力が原子炉の安全点検に本格的に取り組むのを遅らせた原因として，技術者の慣習的行動の問題と情報処理過程上の問題の二つを指摘することができる．問題の炉心隔壁は，図 3.4 に示すような構造を持っている．これは，国内の原子力発電所の約半数を占める沸騰型軽水炉に見られる構造で，圧力容器内で水を沸騰させ，発生した蒸気をタービンに導いて発電している．図に見るように，炉心隔壁は燃料集合体の上部に位置しており，上部の蒸気乾燥器を支えている．これまでの制度では，原子炉の安全の確認は電力会社の自主的な点検に任されていたが，こうした背景には，炉心の隔壁のひび割れやポンプの磨耗はいずれも原子炉の安全にそれほど大きく影響しないという認識があった．

実際には，炉心の隔壁のひび割れを報告するかしないかの問題は，基本的には各原子力発電所の補修部課長によって判断された後，副所長と部長で構成されるトラブル処理委員会に報告されていた．報告された案件のうちのほとんどは原子力発電所所長にも報告されていただけでなく，一部の重要案件については，本社の原子力管理部から原子力本部長（副社長）にも報告されていた．いず

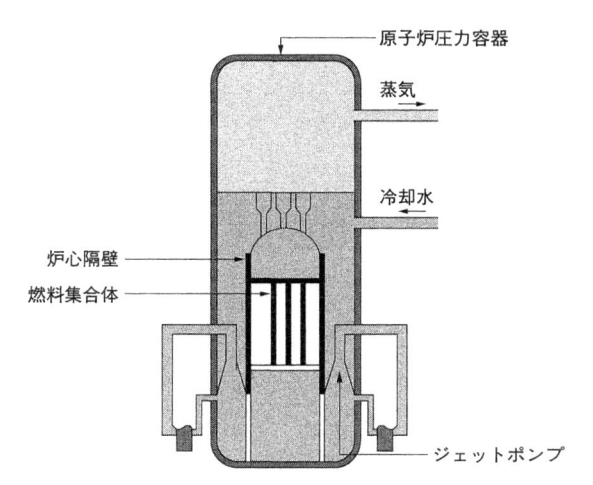

図中ラベル: 原子炉圧力容器／蒸気／冷却水／炉心隔壁／燃料集合体／ジェットポンプ

図 3.4　原子炉圧力容器の構造

れの段階においても，炉心の隔壁のひび割れやポンプの磨耗は原子炉の安全性に直接影響しないために，これらの件を重視しないという社内的な合意が存在していたようである．東京電力は GEII から報告されたデータを改ざんし，問題がないように装っていたのである．

　この問題は，技術者集団内で軽視されている軽微な劣化が社会的に大きな反発を呼んだ例である．本書のまえがきに即して言い換えると，東京電力の例は，これまで技術者に任されていた技術的な判断が，社会全体の変化に伴って，社会に開かれた場で判断の根拠を含めて説明することが求められ始めたことを示すものである．原子力発電や公共事業など，社会への影響が大きい事業に関わる技術者は，この点を十分に理解して行動することが求められている．土木技術者の倫理規定6条には「……人々の安全，福祉，健康に関する情報は公開する」と定められており，また14条には「……自己および他者の業務を適切に評価し，積極的に見解を表明する」と定められている．

　第二の情報処理過程上の問題として，多くの投書の中から重要な声を取り出せなかったことがある．東京電力がこの問題に本格的に対応するまでに2年かかったが，内部告発として外部に出る前の内部の声が多くの投書の中に紛れてしまい，真に重要な情報を選び出せなかったことも対応を遅らせた一因とされ

ている．

　この事件に関してはその後，内部告発をした米 GE 社の元技術者が来日し，当時の心境を語っている．告発の動機は，あくまで本来修正作業を行うべき GE の管理部門の不誠実さに対するものであり，自分の告発が東京電力社長の辞任や原子力発電所の停止にまで発展するとは予測していなかったと述べている．

(4) 本州四国連絡橋における加工ミスの無断修正の事例

　本州四国連絡橋公団は，2003 年 11 月 14 日に，来島大橋の陸上部分で工事を受注した建設会社が，公団に断ることなく完工後に施工の修正をしていたと発表した (同年 11 月 15 日，日本経済新聞朝刊)．この事例の場合には，工事会社が橋桁の寸法を作成段階で誤り，28〜43 cm 程度の寸法不足を溶接による継ぎ足しで補ったもので，同社はこの件を公団には報告しなかった．溶接部分が適切に施工されていれば強度的に問題ないとの判断があったものと思われる．

　土木技術者の倫理規定の 8 条には「技術的業務に関して，……依頼者の誠実な代理人あるいは受託者として行動する」と定められている．誠実な受託者として，重要な修正をした場合には，公団への報告と適切な検査が必要であったことは当然である．

　この例の場合にも受注した建設会社の元作業員から投書があり，公団による調査の結果，事実が判明したものである．その後同月 21 日に同社の社長 (65 歳) と技術担当の専務取締役 (65 歳) の辞任が発表された (2003 年 11 月 22 日，日本経済新聞朝刊)．このように内部者の投書により事実が明らかにされ，その結果として経営陣が責任を問われるという事例が増加している．

　建設工事の場合，完工，供用後の発見が困難なこともあり，事実の正確な把握が必要である．公団の側にも建設会社との率直かつ協同的な情報交換を奨励する態度が求められる．また，受注した建設会社の経営者には，内部の人間から積極的に社内の非倫理的な行動の情報を集め，それに的確に対応することが求められる．

(5) 大手総合建設会社の労働災害隠しの事例

公共事業の抑制により，建設会社間の競争が激化するにつれ，建設業者による労働災害隠しが顕在化しつつある（2003年11月18日，日本経済新聞夕刊）．具体的な事例としては，以下の二つがあげられる．

1) 事例1　A建設会社が受注した鉄道工事で，2001年9月にB下請企業の社員が作業中に眼球を傷つけ，3日間の休業をした．しかしながら元請および下請会社の両者とも労働基準監督署に届けなかった．
2) 事例2　2001年7月にA建設会社の現場でクレーンで持ち上げていた足場の板が作業員の上に落下し，C孫受け会社の従業員が腰椎を骨折し，下半身に障害を負ったが，C社は2週間の打撲と虚偽の報告をした．しかし，その後障害を負った従業員からの訴えにより，その後に報告が修正された．

労働災害を隠そうとする行為は，元請の大手総合建設会社と下請けの建設業者の両方に動機づけがある．元請の大手総合建設業者にとっては，労働災害が起こると入札に参加する際のランクが下がるために隠そうとする動機があり，下請けの建設業者にとっては，労働災害が発覚すると元請からの発注がなくなるという不安感がある．ただ，怪我をした社員個人は，労災を申告しなければ労災保険から保険金の給付が受けられないという不利益があるために，不服の申し立てをする．これにより労災隠しが発覚することが多い．

事例2は，正確に言えば労災隠しというよりは労災の虚偽報告であるが，事故当初に労働災害の程度を過小に評価した点が問題である．土木技術者の倫理規定6条では，「……人々の安全，福祉，健康に関する情報は公開する」とされており，このような態度は許されない．

(1)～(5)に述べたように，日本においても主に内部告発によって各種の事例が外部に公表されるようになってきた．今後もこの状況は続くと考えられ，教室における事例の選択においては，最新のトピックを時間の経過とともに分析するということが可能となってきた．学生が自ら事例を発見し，討論を重ねることが求められている．

(6) チェルノブイリ原子力発電所事故のその後の情報

1986 年に発生した旧ソビエト連邦，チェルノブイリ原子力発電所の臨界・爆発事故の事例を取り上げる．この事故については，ソビエト連邦の崩壊後，秘密文書が公開されるにつれて徐々にその状況が明らかにされている（例えば時事通信，2003 年 4 月 22 日）．

チェルノブイリ事故の場合には，事前に発電所の危険性について，技術者の報告が行われていたことが分かっている．2003 年 4 月にウクライナ国家保安局によって明らかにされた旧ソ連国家保安委員会（KGB）の秘密文書によれば，この事例の場合にも大事故に先立つ 1982 年 9 月の放射能漏れ事故の際に，一部の専門家から事故再発の可能性が極めて高いと指摘されていた．その後も幾たびかにわたって警告を含む報告書が作成されていた．にもかかわらずこれらの警告は無視され，結果として大規模な臨界事故を引き起こすことになった．旧ソ連圏でのチェルノブイリ以外の原子力発電所におけるいくつかの事例についても，近年明らかになりつつある．

旧ソ連の政治体制の下では，技術者の報告書は機密文書として隠されてしまう事例が多く，技術者の倫理は結果として機能してこなかったといえる．巨大な技術システムを健全に運用するためには，土木技術者の倫理規定第 6 条に定められているように，情報を公開することが不可欠であり，この点も倫理上の教訓とするべきであろう．

(7) エンロン事件に見る内部告発の事例

2001 年 10 月に不正な会計操作が発覚して，同年 12 月に破産した米国のエンロン社の場合について，社内において告発を行ったシェロン・ワトキンス氏の例を検討する．エンロン社は 1985 年に設立され，ケネス・レイ会長兼最高経営責任者（CEO）の指導の下で急速に事業を拡大し，アメリカのエネルギー産業の大手会社に成長した．その後，不透明な簿外取引を使った会計操作の実態が明らかになり，会社は倒産した．会計を操作して，負債約 7 億ドルを隠ぺいし，10 億ドルの利益を水増ししたとされている．

ワトキンス氏の場合，2001 年 8 月に直接ケネス・レイ会長に会計の不正操作

について告発している．社内の監査委員会（取締役がメンバー）では，具体的な告発の内容が議論されることはなく，同氏は解雇される危機に瀕していた．その後，同氏は2002年に議会で証言し，エンロンの不正操作について証言している．エンロンはその後倒産し，エンロンの会計を担当していたアンダーセン会計事務所も解散に追い込まれた．

　その後，2002年7月に成立した米国の企業改革法では，内部告発者の保護が規定された．この法律により，内部告発（whistle-blowing）が企業の不正を正していくための手段の一つとして広く用いられるようになった．

　このようなアメリカ社会の動向は，内部告発を支える社会的文脈を理解する上で示唆的である．既に日本でも「国家公務員倫理規定」，「核原子物質，核燃料物質および原子炉の規制に関する法律」では告発者の保護が規定されている．2006年4月には「公益通報者保護法」が施行され，日本においても内部告発を支える制度的基盤が整うこととなった．

　こうした制度の整備によって，個々の技術者は倫理規定に従って行動しやすくなると思われる．というのは，内部告発という行為は告発者の勇気と決断という個人的要因によるだけではなく，個人の勇気とそれを奨励し受容する環境との相互作用によって生起するからである．社会心理学者の北山忍[1]によれば，欧米社会では「自己は他者や状況と切り離された独立した存在」という考え（相互独立的自己観）が優勢であるのに対して，日本をはじめとする東アジア社会では「自己は他者との関係性や状況と本質的に結びついた存在」という考え（相互協調的自己観）が共有されているという．相互独立的自己観が共有されているアメリカでも告発者の制度的保護が必要であることを考えると，他者や周囲のあり方が個人の言動に大きく作用する日本では，告発の手続きも含めて文化的環境に見合った制度的保護が必要になると思われる．土木技術者の倫理規定4条で定められているように，「自己の属する組織にとらわれることなく，……総合的見地から土木事業を遂行する」ためには，制度的な保護を早急に整備する必要がある．

---

1) 北山　忍(1995)：「文化的自己観と心理的プロセス」，社会心理学研究，Vol. 10, 153-167.

(8) スペースシャトル・コロンビア号の空中分解事故

最後に同一の組織が何度も類似の事故を発生させる事例を紹介する．2003 年 2 月 1 日に起きた，スペースシャトル・コロンビア号の空中分解事故がこれに該当する．

この事故は，任務を終えたコロンビア号が地球に帰還する直前に発生したもので，17 年前のチャレンジャー号（3.1(1)を参照のこと）の事故を想起させるものとなった．事故の原因として，打ち上げ直後に剝がれ落ちた外部燃料タンクの断熱材（10 kg 程度のウレタン材）の一部が機体に損傷を与えた可能性が指摘されている．2003 年 8 月 26 日に公表された事故調査委員会最終報告書は，この直接原因の他に，米国航空宇宙局（NASA）の慣習的要因にも言及している．具体的には，技術者間の意思疎通が妨げられ，専門家の意見の相違が抑圧されていたことである．今回の場合，事前に一部の技術者から断熱材の衝突への警告がされていたにもかかわらず，上層部がこれを軽視した．

もう一つは，安全確保を軽視する姿勢があったことである．断熱材がはがれやすいことが知られていたにもかかわらず，安全点検を十分には行わなかった．特に断熱材は，かつてフロンガスが用いられていたが，地球環境問題への配慮からフロンガスの使用が禁止された．数年前にこれを他のガスに切り替えるための改装をしたが，その後に断熱材が剝離する例が増えているとの報告を軽視していた点が指摘されている．

このような組織の慣習的要因は，17 年前のチャレンジャー号事件の際にも指摘されていたが，この事故経験によっても完全には是正されず，事故を繰り返し発生させる要因の一つとして根強く NASA の組織内に残存している．日本の事例においても，組織の慣習的要因によって問題が是正されない場合が多く見られる．倫理規定の実践を普及させていくためには，慣習的要因を分析し，組織の慣習による拘束を是正していくことが重要である．

コロンビア号の事故については NASA の報告書が公開されており，これをもとに技術者は事故を防ぐために何ができたのかについて教室で討論することは有用である．

3.4 大学教育における実践――事例を使ってどう討論するか

(1) 学生への導入

　教室で実際に学生に倫理教育を行う場合，その導入部でどのようにその必要性を説明するかは，学生の参加意欲を考えると重要である．倫理教育の必要性を説明することは，教師の側から見れば，「必要性をどこまで溯って説明することが適当であるか」という問題に他ならない．筆者は，デュルケム の「社会分業論」[1]（1893年）を用いて近代社会の基本的な成り立ちを紹介するところから始めている．同質のものの「機械的連帯」から，異質のものが互いの機能を補い合いながら構成する「有機的連帯」へと変化した近代社会の中で，分業の一つを担う技術者集団の存在意義と社会的な機能について説明することを起点にしている．

　例えば筆者が専門としている土木工学系の学生にとって，基本的な疑問があるとすれば，それはなぜ自分たちは水工学・構造力学など，古典力学の枠組みに依拠した「難しい科目の勉強をしているのか」ということであろう．近代社会は，同一内容を勉強した同質者の連帯によって成り立っているのではなく，異質で特化した機能を持つ集団が分業しながら社会を構成している点を理解させなければ，技術者集団がなぜそれぞれの集団に固有の特殊な学問体系を学ばなければならないのかを容易に納得させることは難しい．社会の中で，水理学の勉強をしているのは自分達だけで，自分達が学ばなければ洪水・津波・高潮といった水災害に対して，社会を守るすべはないのだということを自覚することは，土木工学を学ぶ学生が最初に経験するべき自己認識だと思われる．

(2) 土木学会での検討[2]

　土木学会では，1997年に土木教育委員会の中に「倫理教育小委員会」を設置し，工学倫理教育を土木工学教育の中に取り入れていくための方策について検討を進めた．委員会のメンバーは，委員長・柴山知也（横浜国立大学），委員・

---

1) エミール・デュルケム，井伊玄太郎訳（1989）：社会分業論（上）（下），講談社学術文庫．
2) 土木学会教育委員会倫理教育小委員会（委員長 柴山知也）報告，2000年3月．

後野正雄(大阪工業大学)，清水英範(東京大学)，樫山和男(中央大学)，橋本親典(徳島大学)，利穂吉彦(鹿島建設)の6名である．

　この委員会の活動は，1997年から始まり，以下のように進行した．
＜1997年度＞
・各委員への資料の送付，米国における倫理教育の実践の紹介
・米国大学での事例教育の事例収集
・日本の大学で実施する場合の方略についての討論
・横浜国立大学での倫理教育試行の報告
＜1998年度＞
・横浜国立大学，東京大学，大阪大学，中央大学，徳島大学，大阪工業大学での倫理教育の試行とその報告
＜1999年度＞
・日本での実践例を踏まえて，大学土木教育での倫理教育への提言をまとめる

　倫理教育に関する文献調査を行った後，1998年度に各大学で1～2時間程度，試行的に倫理教育を行った．学生の反応はおおむね好評であった．事例の中ではチャレンジャー号事件が特に好評のようであったが，教師が自らの経験としてあげた「政府が主催する技術委員会に，学識経験者として出席した大学教授が会議の雰囲気に抵抗して，正論を主張すべきかどうか悩む例」なども好評であった．

　大阪工業大学では，夜間部の学生に実施したところ，経験豊富な実務者が議論をリードし，若い学生の入り込む余地がなかったそうである．学部と大学院で実施したところでは，大学院ではより議論が深められたとの報告があった．クラスの人数，教室のサイズ，学年が議論の方向に大きな影響を与えるようである．学部の場合，大学院生のティーチングアシスタントを小グループに配置し，議論を刺激するなどの方法を考えたほうが良い．詳しい報告については，次節に大学からの報告を選んで掲載する．

　事例については，『科学技術者の倫理』(Harris・Pritchard・Rabins著，日本技術士会訳，丸善刊，480p)を参照して学生に提示した．

(3) 横浜国立大学での倫理教育の実践

1996 年度・1997 年度に引き続き，1998 年度も「土木事業と社会システム」(柴山担当) の講義の中で倫理教育を試行した．12 月 3 日と 10 日の 2 回 (木曜日 3 時限) にわたって実施した．受講者は 35 名 (うち他学部 2 名，他学科 1 名) であった．

1 回目は，技術者の倫理について 40 分ほど概説した後，スペースシャトル・チャレンジャー号の爆発炎上についての事例を 20 分ほど解説した．その後は，学生を担当技術者と会社の経営者の二つにグループに分け，それぞれのグループごとにメモ用紙を渡して記名させ，自分がとったであろう行為について記載させた．

2 回目の授業までに担当教官がそれぞれのグループから出てきたメモを以下に示すようにまとめ，全員に配布した．このメモを材料にして担当教官がそれぞれの意見に対してコメントするとともに，必要に応じて各学生に各人のメモを示しながら追加意見を求めた．議論が終わったところで担当教官が総括し，事例に応じて自分で考えることが重要であることを強調して終了した．条件をしっかりと確かめず，推測を基に展開する議論が多かったため，技術者は与えられた条件をきちんと確かめてから考えること，担当教官に事実関係についてもっと積極的に質問すること，あるいは自ら調べて疑問点を明らかにする姿勢が技術者を目指す者として大切であることを指摘した．

対象学生が学部の 2 年生であったため，議論は盛り上がりに欠けたが，今後は大学院の学生を対象に小人数で実施することも考えている．

以下に，学生の意見のうち主要なものをまとめておく．各大学で実施する際に，学生からは以下のような反応があることをあらかじめ想定して，議論の組み立てを行っていただきたい．

[技術者の立場から]

- 打ち上げを決定するのは，経営者かもしれない．しかし，実際それを受けるのは飛行士達だ．その人達の立場をもっと考えるべきだった．事件は，会議で起こることではなく，現場で起こるのだから……．
- 危険が予測できた場合，それが確実なものでなくとも，打ち上げは中止する

べきであった．確かに，打ち上げ中止による会社あるいは関連した人々に対する損害は，大きいであろう．しかし，もし中止せずに強行して事故が起こった場合(チャレンジャー号がまさにそうであるが)，その時の会社，関連した人々に対する損害は前者に比べてはるかに大きいはずである．

- 打ち上げの日に気温が低いかもしれないことは，十分考えられることであり，その時の事を考えていなかったのは技術者の責任である．
- 技術者は，しょせん雇用されているのだから，上がGOサインを出したら，受け入れざるを得ない．悪いのは上の方が技術者の意見と安全性を重視しなかったことである．
- 定量的な証拠がない限り，打ち上げるべきだと思う．しかし，人の命の尊さを第一に考え，今回のような不安要素がある場合は，誰が何と言おうと中止を主張すべきである．
- 技術者が経営者に対して妥協することはしたくない．かと言って，一方的に反対するのではなく，どこかで折り合いをつけなければ，うまくいかないだろう……．
- NASAが反対したなら，大統領に直接話し，マスコミを通じてでも止めるべきであったと思う．技術者は自分で判断するだけでなく，それを行動に確実に移さなければならないと思う．
- 低温によるOリングの耐性実験をするべきだったと思う．技術のことは経営者には分からないのだから，とことん技術者としての意見を通して良かったと思う．
- はっきりとした証拠がない以上，打ち上げを止める権利は最終決定権者にしかない．今までの経験から危険に気づき告げた．それができただけで一流の技術者であったと思う．
- 技術者のすべきことは，科学的に何が起こりそうなのか推測することである．その結果を忠実に伝える義務を遂行していたなら，それ以上の責任は無かった．
- 気温が低い状態での実験が不足していたのもおかしい．ある意味では，よい経験になったのでは……．

- 多くの人の命がかかっているのだから，大統領の日程が1日ずれようと，会社が傾こうと，なんとしても止めるべきであった．
- 1年前から低温でのOリングの効果に疑問があったのだとしたら，確かめる余裕があったのではないか．自分に一点の妥協もなく精一杯やり，その事実を明らかにすれば，十分に責任を果たしている．
- 相手をいかに説得するかも，技術者が持つべき技術の一つである．
- 宇宙飛行士にも，技術面に関してその危険性の知識を与えるべきだったと思う．

［経営者の立場から］
- 技術者が打ち上げ反対に関して明確な態度表明をしないということは，経営者の判断を補助することを技術者自身が放棄したことに等しい．
- 多少の不安要素があっても，それに実証性がない限り，日時変更はこの計画の失敗を意味するものであった．
- 今まで高給を支払ってきたのに，いまさら何の確信もないのに打ち上げを中止したいというのは，技術者達にだまされたようなものである．自分達の雇用した技術者をもっと信じられるようでなければ仕事にならない．
- 前日になって不確かな予想だけで，中止にする事はできない．100％安全な状態で打ち上げるのはもともと不可能である．
- 不安事項があるのにもかかわらず，それを明確にすることなく打ち上げを指示したことは問題である．
- 低気温というありふれた状況を考えてなかった技術者に対しては，それなりの処置をするべき．
- 技術者に危険性を説明させる．設計や製作に関しては，技術者の考えをまず最終的なものとしてから，経営者の立場・権利を考える姿勢が必要だった．
- 科学技術に関するビジネスは，技術者の判断を尊重して行うべきである．慎重な態度も必要である．

この他に，徳島大学および群馬大学大学院(博士前期1年次学生)でも倫理教育の試行を行なった．徳島大学大学院では5名，群馬大学大学院では14名の受

講生であった．東京大学では，1998年度後期(冬学期)に土木工学科において，「小人数セミナー」の枠で「技術者の倫理──スペースシャトル・チャレンジャー号の爆発事故を例として」を開講した．中央大学では現行のカリキュラム中の実施が難しかったため，4年生と大学院修士1年生約20名を募り，2日間にわたって実施した．

　いずれの大学においても，学生の討論をいかに事実に即した，学生の疑似体験としてふさわしいレベルに引き上げるかという点に工夫を凝らしている．東京大学の例では，少人数で，しかも1学期にわたって実施されたため，学生自身に考えさせ，調べさせる時間を確保できたことが報告されている．

　以上の経験を踏まえると，多人数のクラスで実施する場合はグループ討論を行うことが望ましい．手順は以下のようにすると効率的である．

①クラスを7〜8人の小グループに分割し，机を並べ替えて討論を対面で行なえるようにする．
②仮議長を教員が指名し，グループ内で一回り問題の所在についての意見を各自5分間程度で述べた後，議長と記録係を選出する．
③教員が各記録係にあらかじめ討論のまとめ方の形式を指定した記録用紙を配布する．
④グループ内で討論する．その際，あらかじめ事例に応じて技術者，経営者などの役割を定めて討論を行うことも考えられる．教員は各グループを巡回し討論を刺激する．
⑤定められた時間（最低でも1時間は必要である）が経過した後，各グループの記録担当者がクラス全体に対して報告を行う．
⑥担当教員が各グループの報告をそれぞれ評価し，さらに全体を講評する．

第4章

信頼関係と技術者の行動選択

（技術者へのアンケート結果を踏まえて）

——倫理教育は技術者の行為を変えるか

　本章では，社会心理学における「信頼研究」を応用し，信頼関係が土木技術者の意思決定過程に及ぼす影響についての考察をもとにして，倫理教育が具体的な技術者の行為を変えることができるかどうかを検討する．土木技術者を対象としたアンケート調査を行って，個人の対人信頼尺度を計測するとともに，土木技術者が実際に現場で遭遇すると思われるいくつかの場面を「土木技術者の倫理規定」を応用して想定し，その場面に対する対応の仕方がどのように異なっているのかを調査した[1]．

　調査の結果，日本社会の部分社会である土木技術者が構成する社会の信頼社会化は，すでにある程度進んでいるにもかかわらず，完全な信頼社会の実現には，入札時の事前調整(談合)や内部情報の交換のような問題点が障害になることがわかった．この問題を解決するためには，技術者の社会化[2](socialization)が完成してしまう30歳代半ばになるまでの時期に倫理教育を授ける必要がある．また技術力を裏付ける資格制度を確立することが必要になることも示唆された．

---

[1] 柴山知也，林 恵子(2000)：信頼関係と技術者の行動選択，建設マネジメント研究論文集，Vol.8，pp.247-254.
[2] 社会学の基本概念で，社会の中で役割を果たすことで形成されていく人格とその成長過程を表す．

4.1 はじめに

　信頼は社会生活の中で重要な役割を果たしており，経済や社会の円滑な運営にとって不可欠な存在である．1990年代に信頼研究は社会科学者の間で大きな関心を集め，心理学から社会学，経済学，政治学，文化人類学など様々な分野で信頼に関する研究が行われている．技術者倫理の基本的な重要性は，この信頼の担保に根差している．

　従来，日本の土木技術者が構成する部分社会(以下，土木社会と呼ぶ)では，「日本型システム」と言われている疑似血縁関係に代表される濃密な社会の拘束の中で，一律で強固な社会構造が築かれてきた[1]．この安心型社会も，昨今の建設市場の国際化あるいは社会全体のポストモダン化を契機として変質しつつある．これまで安心を提供してきた集団主義的社会の組織原理では，組織の維持や取引の安全を確保するための手続きが複雑となり，これらの手続きに要する機会費用が高すぎることから，その維持が難しくなっている[2]．換言すれば，安心型社会の変質・崩壊に伴って，関係資本[3]への不安が高まり，相手の意図や技術的能力への不安が土木技術者の社会に大きな影響を与えているということである．

　安心型社会の崩壊から信頼型社会への移行に際して，土木社会ではすでに様々な取り組みがなされている．その一例が仕事の相手方の技術的意図を倫理面から裏付け，信頼関係を再構築することを目的に更改された土木学会「倫理規定」の改定であり，相手の能力に対する不安を解消するための技術者の資格制度の導入である．

　本章では，土木社会において，信頼関係が「技術者の倫理」「社会への志向」「協力行動」「安全管理」などに，どのような影響を及ぼしているのかを社会心理学的手法を用いて分析し，個人の信頼度の強弱によって選択行動にどのような差異が生じるのかに焦点を当てる．さらにデータの分析を踏まえて，今後の

---
1)　柴山知也(1997)：建設社会学，pp.11-44 山海堂，参照．
2)　山岸俊男(1999)：安心社会から信頼社会へ，中公新書 1479，p.85．
3)　安定的な関係性を期待できる社会的な環境が準備されるなどの，人間関係や経済関係を効率的にするために必要とされる資本．

土木技術者の社会が信頼型社会に移行していく際にどのように変化していくのかを予測し，移行をスムーズに進めるための方策を倫理教育との関連で提案する．

4.2 信頼研究の系譜

(1) 信頼研究とは何か

信頼研究は，山岸ら[1,2]により一連の研究が行われている．その結果，一般信頼性尺度と行動の選択についての関連が次第に明らかとなっており，日米の社会の違いによりその結果はどのように違ってくるのかなどの実験が行われている．

信頼とは，「道徳的社会的秩序に対する期待」[3]である．これは，相互作用の相手が信託された責務と責任を果たすこと，またそのためには，場合によっては自分の利益よりも他者の利益を尊重して義務を果たすことに対する期待である．注意を要するのは，この定義の中には質的に異なる信頼の概念が含まれていることである．すなわち「相手の能力に対する期待としての信頼」[4]と，「相手の意図に対する期待としての信頼」[4]の二つである．前者は"社会関係の中で出会った相手がやると言ったことをその通りに実行できるだけの能力を持っていることに対する期待"であり，後者は"相手がやると言ったことを本当に誠意を持って実行する気持ちがあることに対する期待"である．本章で対象としたのは，「相手の意図に対する期待としての信頼」であり，「相手の能力に対する期待としての信頼」ではない．能力に対する期待に対して応えるためには，別途技術者資格制度の整備が技術士制度の改革，学協会による資格制度の創設などにより進められている．以下，本章で信頼と言う場合には，すべてこの「相手の意図に対する期待」としての信頼を意味する．

ところで，ここで定義した信頼の中にも，さらに二つの意味が含まれている．それは，「相手が自分を搾取する意図を持っていないという期待の中で，相手の

---

1) 山岸俊男(1998)：信頼の構造　こころと社会の進化ゲーム，東京大学出版会．
2) 小杉素子，山岸俊男(1998)：一般的信頼と信頼性判断，心理学研究，69(5)，pp.349-357．
3) 山岸俊男(1999)：安心社会から信頼社会へ，中公新書 1479，p.12．
4) 山岸俊男(1999)：安心社会から信頼社会へ，中公新書 1479，p.13．

自己利益の中の評価に根差した部分」[1]と,「相手が自分を搾取する意図を持っていないという期待の中で,相手の人格や自分に対して抱いている感情についての評価に根差した部分」[1]である．言い換えれば,前者は"相手がある行動をとれば結果として相手は損をするのでそんなことはしないだろう"という期待であり,後者は"相手は自分にとっていい人であり,今まではそんなことはしなかったのでこれからもしないだろう"という期待である．この二つを明確に区別するために,前者を「安心」[2],後者を「信頼」[2]と定義する．「信頼」が切実な問題になるのは,相手の行動によって自分自身の身が不利な状況になる可能性がある場合である．

　信頼型の社会では,関係資本が充実しているため,個人が他人を信頼することが効率的な社会活動となり,その本人にとっても有利に働く．これに対して安心型社会の背後には,「日本型システム」に代表されるように,安定し継続的な社会関係がある．このような社会関係の中で土木社会には安定した人間関係が保証されていた．したがって,これまでの土木社会では,内部の人間が信頼できるかどうかを考える必要はほとんどなく,部外者を信頼しないことで自分達の他からの優位性を確保してきた．現在の土木社会ではこの「日本型システム」が崩壊しかけており,機会費用を軽減するために,より開かれた社会原理を構築する必要がある．そのための一方略として個人間の信頼関係の醸成が求められるようになった．

(2)「対人信頼尺度」の導入

　対人信頼尺度[3]とは,ロッターが一般的に他人を信頼する程度を図る尺度として考えたものである．「我々の社会では,偽善者が増えつつある」というような個人の考え方に対する質問に対して,5段階の回答から一つを選択してもらい,その平均値を個人の信頼度のデフォルト値とするものである．山岸[4]は,日本でも簡便に適用できるようロッターの対人信頼尺度を改良し,5項目に7段階で回答

---

1) 山岸俊男(1999):安心社会から信頼社会へ,中公新書 1479, p.21.
2) 山岸俊男(1999):安心社会から信頼社会へ,中公新書 1479, p.22.
3) 小杉素子,山岸俊男(1998):一般的信頼と信頼性判断,心理学研究,69(5), pp.349-357.
4) 山岸俊男(1999):安心社会から信頼社会へ,中公新書 1479, p.94.

するように手直しした.本章では,山岸の5項目7段階の改良型対人信頼尺度を使用し,その回答の平均値を回答者個人の信頼度のデフォルト値として用いた.

4.3 研究方法とその結果

(1) 質問紙調査の方法
(i) 調 査 対 象

　首都圏にある A 大学土木工学系学科 B 研究室の卒業生 85 人を対象に,質問用紙を送付し,約 4 週間後に郵送で回収する方法をとった.後述するように,回答者にとって回答に窮するような微妙な問題について,回答者の本音に近いデータを収集するためには,質問者と回答者の間に信頼感を伴う関係性(ラポールの形成)[1]が必要である.そこで,質問用紙の送付に当たって,旧指導教官(筆者)の依頼文を添えて回答を依頼した.したがって,本調査のサンプルは,必ずしも全土木技術者を代表するものではない.しかし,これまで調査されることがなかった「信頼」に焦点を当て,一定の範囲の土木技術者の考えを具体的に開示することは,今後,信頼研究や倫理教育を展開するための基礎になるものと考えた.

(ii) 質問用紙の内容

　質問用紙は,質問1(1)〜(5),質問2(1)〜(10)から成り立っている(付録10, 11[2] 参照).質問1は,対人信頼尺度のデフォルト値(山岸,1999)を求めるためのものである.回答は7段階に分かれており,回答番号の1から7に0から6点の点数をつけている.五つの回答の点数を合計し,その平均値を回答者の対人信頼尺度値として算出した.対人信頼尺度が高いほど,見知らぬ相手に対して初期に抱く信頼感が高いことを示している.

　質問2では,土木技術者として直面する可能性がある多様な場面を想定し,その際に自分がとるであろう行動を選択してもらった.回答は5段階に分かれて

---

1) 柴山真琴(1999):私のフィールドワークスタイル,箕浦康子「フィールドワークの技法と実際」1部6章,ミネルヴァ書房.
2) 付録11の質問は,意味の変わらない範囲で,原文をわかりやすく書き直している.

おり，1番が倫理的な積極性（倫理規定への適合性）が最も低く，5番が最も高くなるような配点になっている．回答ごとに1番には1点，2番には2点というように1点から5点までの点数をつけ，10問の点数を合計し，その平均値を各回答者の回答値として利用した．問2の各設問の狙いは，それぞれ以下の通りである．

(1) 自己研鑽を続けるかどうか
(2) 技術評価の視点が柔軟かどうか
(3) 年齢，性，地位などにかかわらずあらゆる人々を公平に扱うかどうか
(4) 贈答品に対する潔癖性はどうか
(5) 持続可能な開発や事業の社会性への配慮があるか
(6) 入札に対しての事前の話し合いについて
(7) 入札時の内部情報の交換について
(8) 他の技術者との協力行動について
(9) 仮設構造物を対象とする短期的な（最終的な製品の品質に影響がでない）安全管理への姿勢について
(10) 長期的な（最終的に品質に影響がでる）品質管理への姿勢について

これらの質問は，土木学会「倫理規定」と照らし合わせて作成しており，対応は表4.1の通りである．具体的な質問内容については，付録11にその内容を示す．なお，以下では倫理規定への適合性の高い回答を積極的なものとし，適合性が低いものを消極的なものとする．

表 4.1 質問と土木学会倫理規定（15条）の関係

質問番号（内容）	倫理規定（条）	質問番号（内容）	倫理規定（条）
2-1 （自己研鑽）	4, 5, 12	2-6 （入札時事前話合い）	4, 5, 7, 8, 10
2-2 （視点の柔軟さ）	3, 11	2-7 （内部情報）	5, 7, 8, 10
2-3 （公平性）	7, 9	2-8 （協力行動）	4, 13
2-4 （贈答品への潔癖性）	4, 8, 10	2-9 （安全管理）	2
2-5 （長期的配慮）	1, 2, 6, 11	2-10 （品質管理）	2, 8

(2) 回答結果の分析

85人に質問用紙を送付し，58人から回答を得た．本調査では回答者を図4.1のように四つの年齢層にわけて解析した．図4.2には別の項目で質問をした，資格に対する興味を年齢層別に示す．どの年代でも技術系の資格に対する興味が大きい．特に土木技術系の資格として技術士に対しての興味が突出している．また，全体的に年代が上になるほど資格に対する興味は強くなっている．

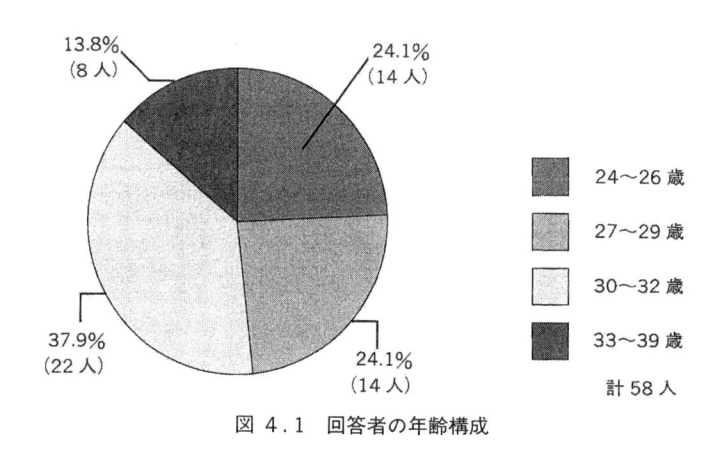

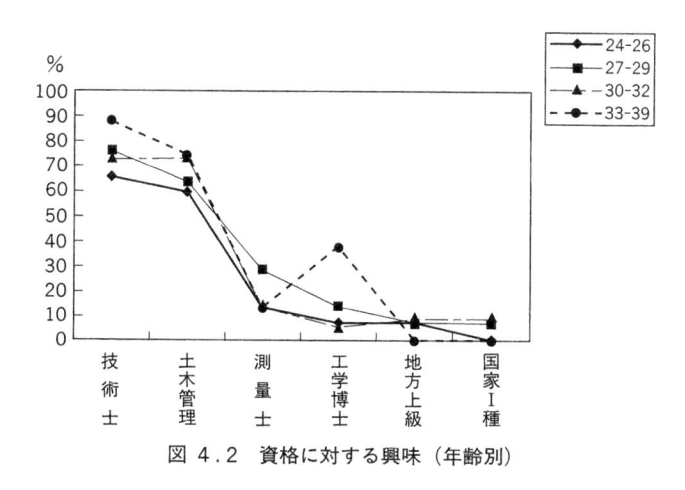

図4.1 回答者の年齢構成

図4.2 資格に対する興味（年齢別）

76　第4章　信頼関係と技術者の行動選択

図 4.3　質問2の各小問に対する回答の分布(全体)．配点は，1番が倫理的な積極性が最も低く，5番が最も高くなっている．

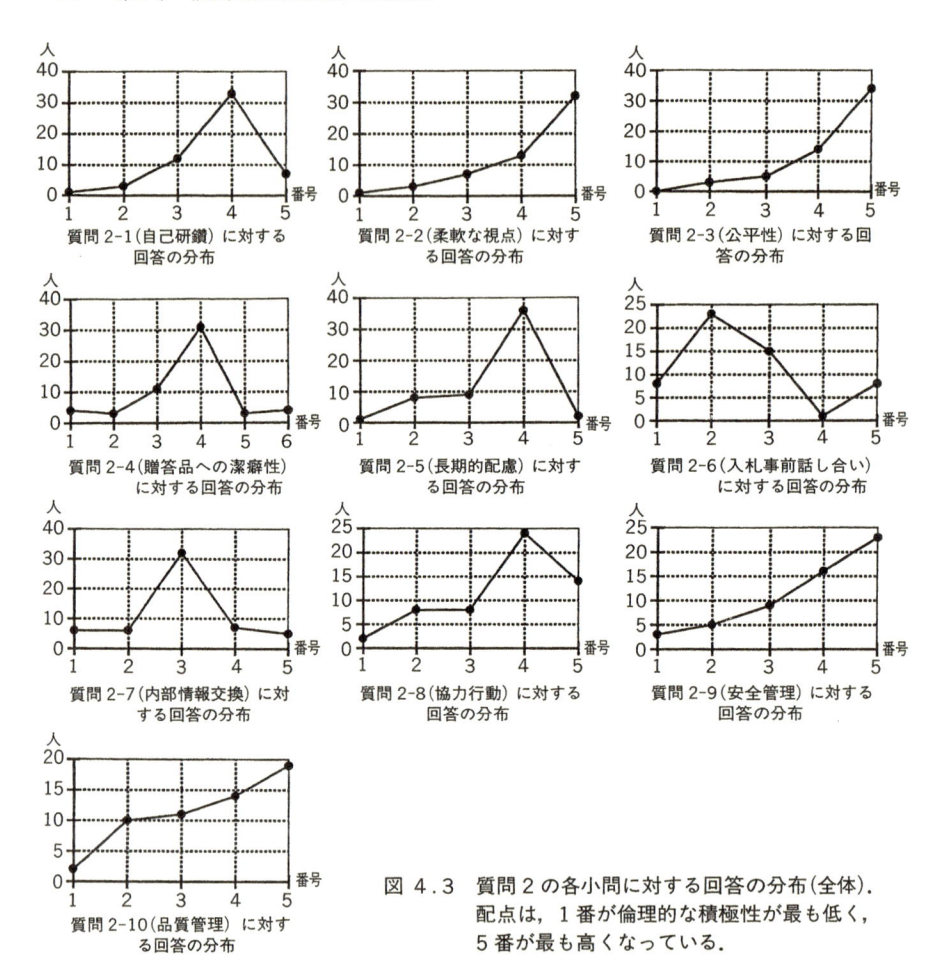

　図4.3には，質問2の各小問に対する回答の分布を示す．質問2-6, 2-7を除いた他の質問については回答のピークが4点，5点に偏っており，ほとんどの人がそれぞれの問題に対して積極的に答えていることがわかる．しかし，質問2-6（事前話し合い），2-7（内部情報）に対して，多くの回答者は問題意識を持っていないことが表れている．
　図4.4に示すように，年齢別に回答の分布図を比べてみると，全体としては

4.3 研究方法とその結果　77

凡例: ● 24歳～26歳　　▲ 30歳～32歳
　　　■ 27歳～29歳　　○ 33歳～

(1) 質問2-1(自己研鑽)に対する回答の分布

(2) 質問2-6(入札事前話し合い)に対する回答の分布

(3) 質問2-8(協力行動)に対する回答の分布

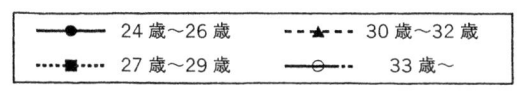

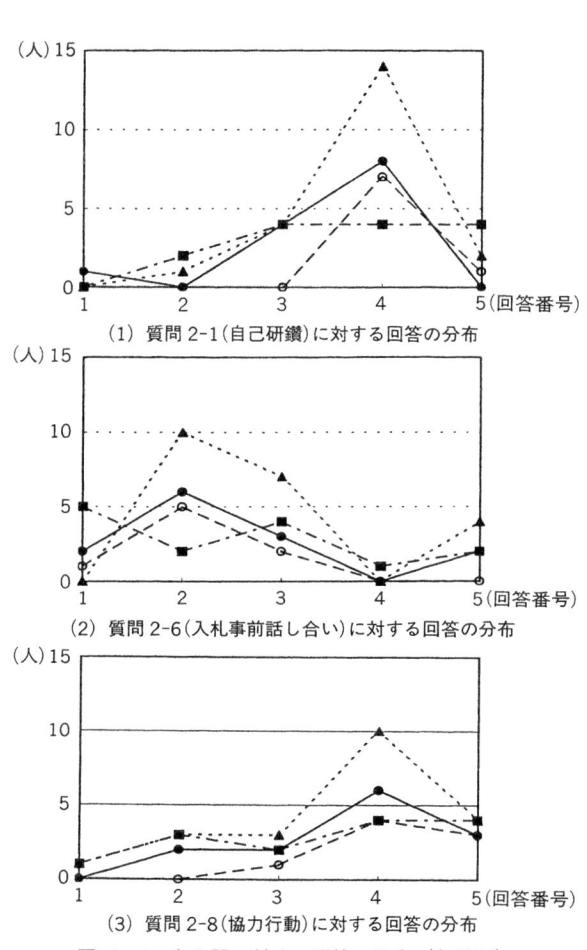

図4.4　各小問に対する回答の分布（年齢別）

分布に大きな差はないもの，33歳以上の人の回答は他の年代の回答に比べてばらつきが少ないようである．年代による回答の平均値とその集団内における回答の標準偏差を表4.2に示す．この表から，回答の全体の平均値には年齢別に大きな差がないのにくらべて年齢集団内での回答の標準偏差にははっきりと

表 4.2　回答の平均値と標準偏差の年齢別分布

平　均　値

項目＼年齢	24～26	27～29	30～32	33～39	全体
2-1	3.5	3.7	3.8	4.1	3.8
2-2	4.5	4.0	4.3	3.9	4.3
2-3	4.6	4.2	4.2	4.9	4.4
2-4	4.0	3.9	3.6	3.3	3.7
2-5	3.6	3.8	3.4	3.5	3.6
2-6	2.5	2.5	2.9	2.1	2.6
2-7	3.1	3.0	3.2	2.5	3.0
2-8	3.6	3.5	3.5	4.3	3.6
2-9	3.9	3.9	4.2	3.5	3.9
2-10	3.7	3.8	3.7	3.5	3.7
平均	3.7	3.6	3.7	3.6	3.7

標　準　偏　差

項目＼年齢	24～26	27～29	30～32	33～39	全体
2-1	0.85	0.99	1.01	0.35	0.81
2-2	0.85	1.08	0.94	1.25	0.99
2-3	0.63	0.80	1.05	0.35	0.86
2-4	0.88	1.21	1.33	1.04	1.17
2-5	0.65	0.89	0.91	0.93	0.84
2-6	1.22	1.45	1.11	0.64	1.18
2-7	1.07	1.18	1.01	0.76	1.03
2-8	1.08	1.34	1.22	0.71	1.17
2-9	1.14	1.46	0.96	1.14	1.19
2-10	1.38	1.25	1.17	1.02	1.22
平均	0.98	1.17	1.07	0.82	1.05

した違いが見てとれ，33歳以上の回答はその標準偏差が小さい．このことから33歳以上の回答者は集団内で同じような回答をしていることがわかる．

　さらに，平均値と標準偏差について詳しく検討する．図4.5(1)は，質問2-1（自己研鑽）に対する年齢別の回答の平均値とその集団内での回答の標準偏差の関係を表したグラフである．33歳を過ぎると回答の平均値が高くなり，また標準偏差は小さくなることが見える．図4.5(2)は，質問2-6（入札事前話し合

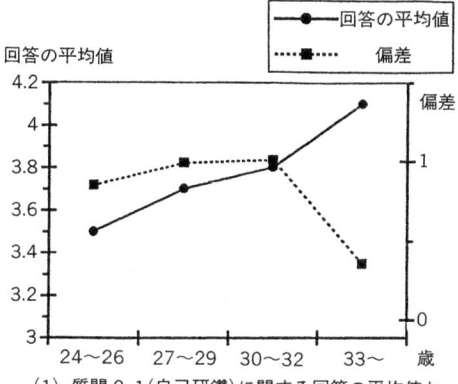

(1) 質問 2-1（自己研鑽）に関する回答の平均値と偏差の関係

(2) 質問 2-6（入札事前話し合い）に関する回答の平均値と偏差の関係

(3) 質問 2-8（協力行動）に関する回答の平均値と偏差の関係

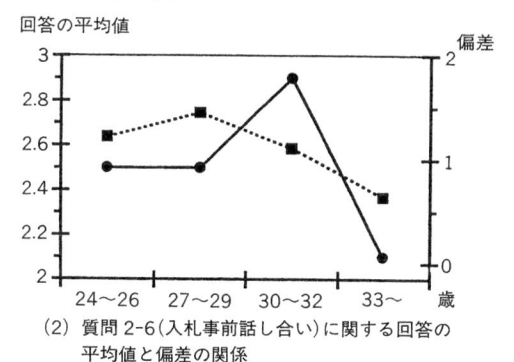

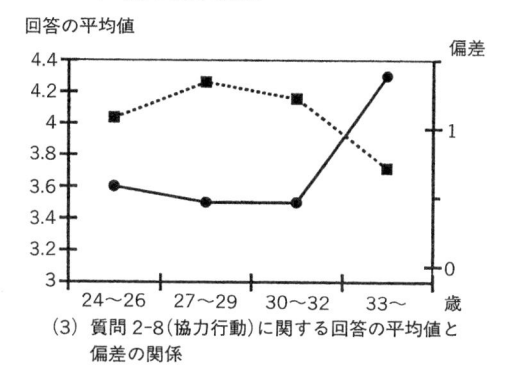

図 4.5　回答の平均値と標準偏差の年齢による相違

80   第4章　信頼関係と技術者の行動選択

い) に対する年齢別の回答の平均値とその集団内での回答の標準偏差の関係を表したグラフである．回答の平均値は30〜32歳をピークに再び小さくなってくる傾向があることがわかる．また集団内での回答の標準偏差は27歳以降年齢が上がるにつれて低くなってくる．図4.5(3)は，質問2-8(協力行動)に対する年齢別の回答の平均値とその集団内での回答の標準偏差の関係を表したグラフである．回答の平均値は33歳以降で急に上昇することがわかる．また，集団内での回答の標準偏差はやはり30代になると小さくなってくることが読み取れる．

　質問1の一般信頼性尺度に関して述べる．図4.6は，対人信頼尺度と回答の平均値の関係を示しているが，対人信頼尺度が高い人ほど各質問に対する回答の平均値が高い傾向があることがわかる．この二つの数値の相関係数は 0.539

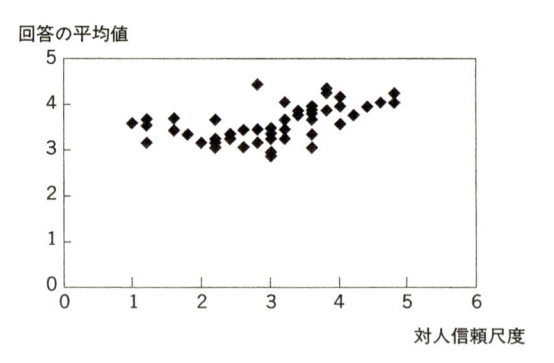

図 4.6　対人信頼尺度と回答の平均値の関係図

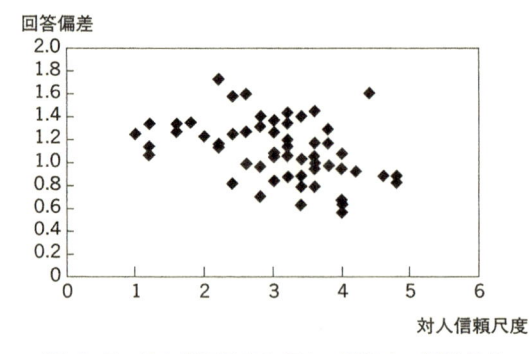

図 4.7　対人信頼尺度と個人の回答内の標準偏差

となっている．

次に図4.7は対人信頼尺度と個人の回答内の標準偏差を表したものである．この二つの数値の相関係数は-0.485で，弱い負の相関がある．これより，対人信頼尺度が高い人ほど個人内の回答はまとまっていて，どの問題にも同じ姿勢で対応する傾向があることがわかる．

本章の検討は特定の集団について調べたものであり，社会調査におけるサンプル抽出とは性質が異なるが，統計的な検討結果についても付記しておく．まず33歳以上の回答者(8人)と33歳未満の回答者(50人)の差が統計的に有意かどうか検定した結果について述べる．平均値の差については質問2-8については5%，質問2-1，2-6については10%，質問2-7については20%の有意水準で差があることがT-検定の結果により確かめられた．また，標準偏差(分散)については，質問2-6について5%の有意水準で差があることがF-検定の結果により確かめられた．それ以外のものについては統計的には必ずしも差があるとはいえない．また，対人信頼尺度と回答の平均値の相関(図4.6)，対人信頼尺度と個人の回答内の標準偏差の相関(図4.7)については1%の有意水準でT-検定した結果，2変量の相関は有意であるとの結果である．

(3) 考　察

図4.6に示したように個人の信頼度と回答の平均値にはあるレベルの関連性が見られる．これは，本研究の「信頼性尺度の高い技術者と信頼性尺度の低い技術者ではその行動や考え方に差がある」という仮説を裏付ける結果といえる．また，信頼度が高いほど想定場面において倫理的に積極的に対処しようとしている傾向がうかがえる．このことは，対人信頼度を向上させることが技術者の行動を変えていくための一つの方法になることを示している．

図4.7では対人信頼尺度の高い回答者ほど個人内での回答の標準偏差が小さい，つまりどの問題にも同じような姿勢で対応しようとしている傾向が見られる．このことから，対人信頼度を高めることでどんな場面においても差のない誠実な対応をすることができるようになるのではないかと推察できる．

図4.3で回答がほぼ選択肢の4, 5番に偏っていることから，現在の土木技術者の倫理観は決して低くはなく，むしろ多くの場面においてかなり高い．しかし，質問2-6(入札前話し合い)，2-7(内部情報交換)のように選択肢2, 3番に分布が偏る問題もある．この二つの質問に対しては表4.2に見えるように回答の平均値もかなり低く，回答者の倫理的積極性が低いといえる．この二つの質問に対する積極性の低さは，このようなことにはあまり警戒心をもっていない，つまり一般的に行われていることだと感じているからであろう．

表4.2の質問2-1を見ると，年齢が高くなるにつれ回答の平均値が高くなり，また集団内での回答は33歳以上で偏差が小さくなってくる事がわかる．このことから経験を積むほど自己研鑽を続けることが技術者にとって必要なことを強く感じるようになることがうかがえる．質問2-8からは，33歳以降になると他の技術者との協力行動が重要であると感じるようになることがわかる．集団内での回答の標準偏差も小さく，この問題について意見がまとまってくることもわかる．

また，表4.2の各表最下段，年齢別平均値と標準偏差の年齢別平均をみると，回答の平均値では年齢における差はないのにくらべ，標準偏差では年齢によってかなりの差が見られた．特に33歳以降の回答者の標準偏差が小さいことが示されている．これは，30歳代で技術者の社会化の過程が完成するためであると思われる．20代から30代はじめという年齢は，職業的社会化が進行する柔軟な時期であるため[1]，この時期の技術者の再教育が求められる．

図4.2の資格に対する興味では，どのような資格に興味を持っているのかによって技術者の社会への志向をみている．これによると，若い年齢層を見ても公務員のようにある一定の地位につくために必要な資格には興味をほとんど持っていないのにくらべ，技術士や土木施工管理技士のように自分の実力の証明となる資格に対する興味は非常に高い．これは，すでに技術者の部分社会もさらには全体社会も「個人の能力に対する期待」を裏付けるための資格の重要性をよく認識し，またそのような資格を要求しているからだと思われる．このことからも土木社会における信頼社会への移行はすでにある程度進んでいるといえる．

---

1) 柴山真琴(1998)：留学生家族と日本の保育園，東京大学大学院教育学研究科博士論文，201p．

4.4 結論

　調査結果は以下のようにまとめることができる．一般に対人信頼尺度の高い人ほど想定場面に対して倫理的積極性の強い回答をする傾向がある．また，対人信頼尺度の高い人ほど個人の回答の間にばらつきが少なく，どの質問に対しても同じような回答を示す傾向がある．さらに，回答の分布を年齢別にみると，33歳以上の回答者はそれ以下の回答者にくらべてその集団内で類似の回答をすることが多い．質問の内容ごとに回答をくらべてみると，入札に関しての事前の話し合いと内部情報の交換に関する回答が顕著にスコアの平均値が低く，この問題に関する倫理的な警戒心が薄いことがわかる．20歳代では回答にばらつきが大きいのにくらべて，30歳代になると回答が一様になってくるのは技術者としての職業的社会化過程が完成してくるからだと思われる．

　以上に述べたように，技術者個人の対人信頼度と考え方・行動の選択には関連性があり，対人信頼尺度の高い者ほど様々な場面で倫理的に対処する傾向がある．また，30歳代半ばまでに技術者の職業的社会化が完成するようである．

　これまで述べたように土木技術者をめぐる社会は大きく変化しようとしている．その変化を社会学的な側面から見てみると，土木社会の構成員としての技術者一人一人の姿勢が問われてくる．土木社会全体としても信頼型の社会へ移り変わるように努力を始めており，その試みの一つが土木学会の倫理規定の改定である．組織中心ともいえる現在のシステムからの脱却は困難な課題である．しかし，本章で述べたように，技術者個人の倫理観は決して低いものではなく，信頼関係に基づく適切なシステムとそれを支える制度さえ整えばこの問題の解決は可能である．

　今後の課題としては，職業的社会化の完成する30歳前半までの時期における技術者の倫理教育の推進，倫理的行動をとる技術者を支援する社会的仕組みの確立，さらに個人の技術を保証する資格の更なる整備が挙げられる．

付　　録

付録 1　情報処理学会倫理綱領

前　文

　我々情報処理学会会員は，情報処理技術が国境を越えて社会に対して強くかつ広い影響力を持つことを認識し，情報処理技術が社会に貢献し公益に寄与することを願い，情報処理技術の研究，開発および利用にあたっては，適用される法令とともに，次の行動規範を遵守する．

1．社会人として
　1.1　他者の生命，安全，財産を侵害しない．
　1.2　他者の人格とプライバシーを尊重する．
　1.3　他者の知的財産権と知的成果を尊重する．
　1.4　情報システムや通信ネットワークの運用規則を遵守する．
　1.5　社会における文化の多様性に配慮する．

2．専門家として
　2.1　たえず専門能力の向上に努め，業務においては最善を尽くす．
　2.2　事実やデータを尊重する．
　2.3　情報処理技術がもたらす社会やユーザへの影響とリスクについて配慮する．
　2.4　依頼者との契約や合意を尊重し，依頼者の秘匿情報を守る．

3. 組織責任者として

3.1 情報システムの開発と運用によって影響を受けるすべての人々の要求に応じ，その尊厳を損なわないように配慮する．

3.2 情報システムの相互接続について，管理方針の異なる情報システムの存在することを認め，その接続がいかなる人々の人格をも侵害しないように配慮する．

3.3 情報システムの開発と運用について，資源の正当かつ適切な利用のための規則を作成し，その実施に責任を持つ．

3.4 情報処理技術の原則，制約，リスクについて，自己が属する組織の構成員が学ぶ機会を設ける．

注

本綱領は必ずしも会員個人が直面するすべての場面に適用できるとは限らず，研究領域における他の倫理規範との矛盾が生じることや，個々の場面においてどの条項に準拠すべきであるか不明確（具体的な行動に対して相互の条項が矛盾する場合を含む．）であることもあり得る．したがって，具体的な場面における準拠条項の選択や優先度等の判断は，会員個人の責任に委ねられるものとする．

付 記

1. 本綱領は平成8年5月20日より施行する．
2. 本綱領の解釈および見直しについては，必要に応じて委員会を設置する．

(情報処理学会倫理綱領より引用)

付録2　地球環境・建築憲章

　私たち建築関連5団体は，今日の地球環境問題と建築との係わりの認識に基づき，「地球環境・建築憲章」を制定し，持続可能な循環型社会の実現にむかって，連携して取り組むことを宣言します．

2000年6月1日
社団法人　日本建築学会
社団法人　日本建築士会連合会
社団法人　日本建築士事務所協会連合会
社団法人　日本建築家協会
社団法人　建築業協会

　20世紀，物質文明の発達と，日本をはじめ世界各地における急速な都市化は，人間を中心とした快適な生活の実現をもたらしました．その結果，地球規模においてのさまざまな問題が顕在化してきました．地球温暖化をはじめ，生態系の破壊，資源の濫用，廃棄物の累積等によって，あらゆる生命を支える地球環境全体が脅かされています．そして，建築活動がこのことに深く関わっていることも明確となっています．

　いま私たちは，地球環境の保全と人間の健康と安全をはかり，持続可能な社会を実現していくことを緊急の課題と認識しています．建築はそれ自体完結したものとしてでなく，地域の，さらには地球規模の環境との関係においてとらえられなければなりません．私たちは21世紀の目標として，建築に係わる全ての人々とともに，次のような建築の創造に取り組みます．

1) 建築は世代を超えて使い続けられる価値ある社会資産となるように，企画・計画・設計・建設・運用・維持される．（長寿命）
2) 建築は自然環境と調和し，多様な生物との共存をはかりながら，良好な社

会環境の構成要素として形成される．（自然共生）
3) 建築の生涯のエネルギー消費は最小限に留められ，自然エネルギーや未利用エネルギーは最大限に活用される．（省エネルギー）
4) 建築は可能な限り環境負荷の小さい，また再利用・再生が可能な資源・材料に基づいて構成され，建築の生涯の資源消費は最小限に留められる．（省資源・循環）
5) 建築は多様な地域の風土・歴史を尊重しつつ新しい文化として創造され，良好な成育環境として次世代に継承される．（継承）

（地球環境・建築憲章より引用）

付録3　電気学会倫理綱領

電気学会会員は，電気技術に関する学理の研究とその成果の利用にあたり，電気技術が社会に対して影響力を有することを認識し，社会への貢献と公益への寄与を願って，下のことを遵守する．

1. 人類と社会の安全，健康，福祉に貢献するよう行動する．
2. 自らの自覚と責任において，学術の発展と文化の向上に寄与する．
3. 他者の生命，財産，名誉，プライバシーを尊重する．
4. 他者の知的財産権と知的成果を尊重する．
5. すべての人々を人種，宗教，性，障害，年齢，国籍に囚われることなく公平に扱う．
6. 専門知識の維持・向上につとめ，業務においては最善を尽くす．
7. 研究開発とその成果の利用にあたっては，電気技術がもたらす社会への影響，リスクについて十分に配慮する．
8. 技術的判断に際し，公衆や環境に害を及ぼす恐れのある要因については，これを適時に公衆に明らかにする．
9. 技術上の主張や判断は，学理と事実とデータにもとづき，誠実，かつ公正に行う．
10. 技術的討論の場においては，率直に他者の意見や批判を求め，それに対して誠実に論評を行う．

(平成10年5月21日制定)

(電気学会倫理綱領より引用)

付録4　化学工学会倫理規程・行動の手引き

（前　文）

　化学工学会会員は，自己の行為が真理の探究によって科学技術の革新を生み，人類の幸福と社会の進歩に貢献出来ることを誇りとする．

　会員は，社会に対する役割と責任の大なることを深く認識し，誠実，名誉，および尊厳を抱いて行動し，自己の知識，技能および人格を磨き上げるとともに，人類と自然との共生社会の実現にむけて尽力する．このために正直で偏らないように努め，法令を遵守し道徳感を身につけ，更に，技術が危険性を誘起する場合には安全確保第一に徹し，情報公開の原則のもと，社会的安心感の醸成に努める．

　これらの目標を達成するため，行動の規範をここに定め，専門家としての威信と社会的信頼感を高めるように精励努力する．

憲　章

1　会員は，専門家として，職務遂行において公衆の安全，健康および福祉を最優先する．
2　会員は，化学・化学技術の社会環境に対する役割の重要性を認識し，専門知識と経験を生かして技術の社会的信頼を維持・向上するよう行動する．
3　会員は，常に自己の能力向上に努めるとともに，新たに生み出した成果については，学会等で公表し，技術の発展に寄与する．
4　会員は，科学技術に関わる問題について，常に中立的，客観的な立場で対応し，自己の行為に責任を持つ．
5　会員は，自己の能力を認識し，その範囲を超えた業務を行う場合，その行為によって社会に重大な危害を及ぼすことがないように業務を遂行する．
6　会員は，専門家としての自己の知識・経験を生かして，後進の化学技術者・研究者の指導育成に努める．
7　会員は，専門職務に関し，雇用者または依頼者の代理人，あるいは受託者と

して契約を遵守して誠実に行動する．この際，業務遂行上知り得た情報の機密保持の責務を有する．
8 会員は，人種，宗教，性，年齢などに拘わらず，個人の自由と人格を尊重する．また，公平・公正な態度で他者の知的成果を尊重し業務を遂行する．

本倫理規程における行動の手引きは，会員が憲章の精神を尊重して活動する際にその判断基準となる具体的内容を示したものです．会員は，自らの倫理観の基本姿勢としてこの手引きを行動に反映させることが重要です．

行動の手引き

1-1（化学工学者の職務と役割）(注：化学技術者・研究者を総称して化学工学者と呼ぶ)
　化学技術の利用は，化学品の製造，エネルギー生産，食料生産，環境保全など極めて多岐にわたっています．化学工学者はこれら化学技術を利用して得られる製品の，原料生産から製造・物流・廃棄・循環に至るライフサイクルを総体として見ることができるシステム思考を身につけた専門家であり，その顕著な専門性を，問題解決のあらゆる場で生かすことを忘れてはなりません．会員の専門分野は多岐に渡りますが，常にこの立場を忘れずに行動することが求められます．

1-2（安全の確保）
　会員は，様々な化学技術が公衆の安全，健康および福祉を阻害する可能性があることを良く理解し，常にライフサイクル全体を見渡し，専門家としてこれらを守ることに最大限の努力を払って行動しなくてはなりません．

2-1（専門知識・技術の習得）
　会員は，化学品製造を始めとする化学技術利用産業に関連する事業，研究，諸業務において，法令・規則を遵守することはもちろん，常に自らの専門知識・技術の習得と向上に努め，得られた経験を基に化学工学の広い視野をもって行動する．これによって社会的信頼を得ることに努めなくてはなりません．

2-2（環境保全と安全・安心確保の努力）
　会員は，法令・規則・社会規範を遵守することは当然のことながら，環境保

全と公衆の安全・安心の確保を第一優先とします．経済性を環境保全と公衆の安全・安心に優先させてはなりません．

2-3（情報公開）
1) 環境保全と公衆の安全・安心に関する情報は積極的に公開します．情報の意図的隠蔽は社会との良好な関係を破壊し，場合により組織の存続自体を社会から否定されます．
2) 会員は，環境保全と公衆の安全・安心をおびやかす行為には勇気を持って対応し，なお事態が改善されない場合には情報を公開しなくてはなりません．
3) 会員のこれらの行動に対して，組織は守秘義務違反を問うてはなりません．また学会はこの会員の行為をバックアップしなければなりません．

2-4（説明責任）
　会員は専門家としての専門性の発揮に努め，その目的・方法を他者に分かりやすく説明する責任があります．

3-1（能力向上）
　会員は，自己の専門分野にとどまることなく関連する他の分野の学問・技術も含めて，常に自己研鑽に励み，自己を磨くことにより社会に貢献できるよう努めることが望まれます．そのために，自己の技術的能力のレベルを把握するとともに，人材育成センターや支部などが主催する講座やシンポジウム等に参加し，また，支部や部会活動に積極的に参画するなど，自分の技術力を高めることが大切です．また，技術に関する資格をとることも社会に貢献できる機会を増やすために効果的なことです．

3-2（成果の公表）
　会員は，チャレンジ精神をもって新たな研究や技術開発に取り組み，それによって得られた成果を学会やシンポジウム等で公表し，多くの人々に知らせることにより，学問，技術の発展に寄与することが求められます．ただし，このことは知的財産の権利を妨げるものではありません．

4-1（中立的，客観的な立場での対応）
　会員は，科学技術に関わる問題について，科学的事実を尊重し，間違いを正す誠実な対応が求められます．また，データーを改ざんしたり，事実を捻じ曲

げたりするようなことなど，科学的事実を恣意的に取り扱う行為は厳に慎まなければなりません．科学技術に関わる問題について，中立的，客観的な立場で対応することは，化学工学者が社会的な信用を得て，社会的地位を高めることにつながります．ひとりでも非中立的，非客観的な対応をする人がいると，化学工学者全体の信用を失うとともに，社会的に糾弾されることを肝に銘じることが大切です．

5-1（自己の能力把握）

会員は，常に科学技術の進歩に目を配り，自己の能力を時代に適応できるように維持・向上することが求められていますが，行おうとする業務に対し，自己の能力で処理できるかどうか，その分野の専門家などに意見を求めるなどが必要です．

5-2（能力範囲を超えた業務）

実施しようとする業務が自分の能力を超えると思われる場合，その業務を引き受けるには慎重な対応が必要です．自己の能力を超えた業務にチャレンジすることは能力向上につながりますが，自己の能力を超えるものかどうか十分検討し，判断する必要があります．自己の能力を超える業務を遂行する場合には，必要十分な能力を有する指導者の指導や協力を得て実施し，社会に重大な危害を及ぼさないようにしなければなりません．

5-3（失敗の教訓）

会員は，自己の能力が至らず失敗に遭遇した場合でも，恥ずることなくこれを公開し，かつ，厳しい反省を通して教訓を学び取りこれを組織に還元することを自己の任務として心がけます．また，リーダーは失敗を責めることにのみに終始せず，その教訓を業務の体系に組み入れることを怠ってはなりません．

6-1（後進の指導育成）

会員は，専門家として自らが研鑽に励むだけでなく，周りの者，特に自らの監督下にある者の専門能力向上にも努力し，そのための機会を与えるよう努めなければなりません．

6-2（環境の改善）

会員は，所属する組織において自分自身や周囲の者が専門能力向上に励みに

くい環境にあると気が付いた場合，速やかにその環境の改善に努めなければなりません．

7-1（技術者の業務形態）
　会員は，雇用者との関係では被雇用者であり，依頼者との関係では受託者であることを正確に認識する必要があります．

7-2（誠実な行動）
　会員は，専門職務に関し，雇用者または依頼者それぞれのために，誠実な代理人，あるいは受託者として行動し，かつ利害関係の相反または利害関係の相反の発生を回避するよう努力する必要があります．そのためには，潜在的な利害関係の相反が存在するような状況であれば，雇用者または依頼者に対して，すべて事前にそれを開示することが大切です．

7-3（機密保持）
　会員は，雇用者または依頼者の誠実な代理人，あるいは受託者として行動し，契約の下に知り得た職務上の情報について守秘義務を全うしなければなりません．この義務の遵守は，3-2（成果の公表）5-3（失敗の教訓）等に優先するものでありますが，公衆の安全・安心，健康および福祉のために必要な情報はその重要性を認識し，契約者間で情報公開の了解が得られるよう努力する必要があります．

8-1（公正・公平）
　会員は，所属する組織の構成員相互間は勿論のこと，それを取り巻く様々な社会や公衆に対し，常に公正で，公平な態度で接することに努めなければなりません．

8-2（人格の尊重）
　会員は，その地位や学歴，相手との力関係などの差異を利して不当な要求や，傲慢な態度で対応することを厳しく慎まなければなりません．このことは，国際的な活動において特に留意し，国や宗教，文化，文明によって他の国の人々を軽蔑したり，下に見たりする態度や考え方は，厳しく慎まなければなりません．

8-3（他人の権利を尊重）
　会員は，セクシュアルハラスメントは，如何なる場合であっても，許される

ものでないことを強く認識し，自分の行動はもとよりその部下，その他自己の監督指導下にある者の行動に注意し，その疑いがあるときは最高の考慮をもって対処し，これが見過ごされたり，黙認されることのないよう努めなければなりません．

8-4（知的成果の尊重）

会員は，社会的地位や学歴，性別や相手との力関係の差異を利用して，他者の知的成果を蔑んだり，不当な修正を要求することを慎み，その成果を尊重することに努めなければなりません．

(平成14年度第5回理事会（2002-10-11）にて議決)

(化学工学会倫理規程および行動の手引きより引用)

付録5　日本原子力学会倫理規程と行動の手引き

日本原子力学会倫理規程

　原子力は人類に著しい利益をもたらすとともに，大きな災禍をも招く可能性がある．このことを我々日本原子力学会員は常に深く認識し，原子力による人類の福祉と持続的発展ならびに地域と地球の環境保全への貢献を希求する．そのため原子力の研究，開発，利用および教育に取り組むにあたり，公開の原則のもとに，自ら知識・技能の研鑽を積み，自己の職務と行為に誇りと責任を持つとともに常に自らを省み，社会における調和を図るよう努め，法令・規則を遵守し，安全を確保する．

　これらの理念を実践するため，我々日本原子力学会員は，その心構えと言行の規範をここに制定する．

憲　章

1. 会員は，原子力の平和利用に徹し，人類の直面する諸課題の解決に努める．
2. 会員は，公衆の安全を全てに優先させてその職務を遂行し，自らの行動を通じて公衆が安心感を得られるよう努力する．
3. 会員は，自らの専門能力の向上を図り，あわせて関係者の専門能力も向上するように努める．
4. 会員は，自らの能力の把握に努め，その能力を超えた業務を行なうことに起因して社会に重大な危害を及ぼすことがないよう行動する．
5. 会員は，自らの有する情報の正しさを確認するよう心掛け，公開を旨とし説明責任を果たし，社会における調和を図るように努める．
6. 会員は，事実を尊重し，公平・公正な態度で自ら判断を下す．
7. 会員は，自らの業務に関する契約が本憲章の他の条項に抵触しないかぎり，その契約のもとに誠実に行動する．
8. 会員は，原子力に従事することに誇りを持ち，その職の社会的な評価を高めるよう努力する．

（2003年1月28日第449回理事会改訂承認）

行動の手引

　本倫理規程は日本原子力学会員の専門活動における心構えと言行の規範について書き示したものである．我々会員はこれを自分自身の言葉に置き直して専門活動の道しるべとすることを宣言する．

　我々を取り巻く環境は有限であり，かつ人類だけのものでないことから，会員は地域と地球の環境保全に対する最大限の配慮なしには人類の福祉と持続的発展は望めないとの認識に立って行動する．

　日本原子力学会の会員には正会員，推薦会員，学生会員からなる個人会員のほか，賛助会員の企業または団体も含まれる．本倫理規程には，個人会員として守るべきものばかりでなく，企業や団体という組織が守るべきものが多く含まれている．一方，組織の構成員は組織の利益を優先させ組織の責務を軽視する場合があるが，個人個人の責任を果たすことなく組織の責務を果たすことはできないことを銘記する．また，賛助会員の企業または団体は，本倫理規程が遵守されるよう，率先して組織内の体制の整備に努める．

　本倫理規程は会員の専門活動について定めたものであるが，非会員が生じさせる原子力分野のトラブルに対しても我々会員は一定の責任を有することを自覚する．すなわち会員は原子力の分野において指導的役割を果たすことで，非会員も含めて原子力関係者の倫理を向上させるよう努める．

　よき社会人であるためには契約を尊重しなければならない．しかし法律に違反するような契約は無効であることを我々会員は銘記する．

　以下に記す条項は，前文と憲章で述べた規範を実現するため考えるべき事柄である．我々はここに記述した条項すべてを同時に守りえない場面に遭遇することも認識している．そのような状況において，一つの条項の遵守だけにこだわり，より大切な条項を無視しないよう注意することが肝要である．多くの条項を教条主義的に信じるのではなく，倫理的によりよい行動を探索し，実行することを誓う．

　個々の会員の倫理観は細部に至るまで完全に一致しているわけではなく，またある程度の多様性は許容されるものである．しかしその多様性の幅についても明示していくよう，今後努力する．また，規範は時代とともに変化すること

も念頭に置き，我々は本倫理規程を見直していくことを約束する．

（原子力利用の基本方針）
1-1．原子力の平和利用は，原子力発電の関連分野から，理学・医療・農業・工業等における放射線や同位体の利用技術に関連する分野まで，極めて多岐にわたっており，本会の専門分野はこれらのすべての分野と関連している．会員は専門とする技術がその大小はともあれ災禍を招く可能性があることを認識し，その技術を通じて人類の福祉に貢献するよう行動する．

（平和利用への限定）
1-2．原子力の利用目的は平和利用に限定する．会員は，自らの尊厳と名誉に基づき，核兵器の研究・開発・製造・取得・利用に一切参加しない．

（諸課題解決への努力）
1-3．人類の生存の質の向上，快適な生活の確保のためには，経済の持続的発展とエネルギーの安定供給，環境の保全という課題をともに達成することが必要であるが，それに至る道筋は明らかではない．これに資するため，会員は原子力平和利用に具体的手だてを見出し活用するよう，不断の努力を積む．

（安全確保の努力）
2-1．会員は，原子力技術の取り扱いを誤ると人類の安全を脅かす可能性があることをよく理解し，安全確保のため常に最大限の努力を払う．

（安全知識・技術の習得）
2-2．会員は，原子力・放射線に関連する事業，研究，諸作業において，法令・規則を遵守することはもちろん，安全を確保するために必要な専門知識・技術の向上に努める．

（効率優先への戒め）
2-3．会員は，原子力・放射線関連の施設において安全性の確認されていない効率化を行わない．効率化すなわち進歩と誤解して安全性の十分な確認を行うことなく設備や作業を変更しない．

(経済性優先への戒め)

2-4. 会員は，原子力・放射線関連の施設の運転管理にあたり，経済性を安全性に優先させない．また，資金不足を安全性の低下した状態を放置する理由とはしない．

(安全性向上の努力)

2-5. 会員は，運転管理する施設の安全性向上に努める．安全性の損なわれた状態を自らの権限で改善できない場合には，権限を有する者へ働きかけ，改善されるよう努める．なお，原子力に関する諸活動において権限を有する者は，その職位の重さを自覚し，安全性向上に最大限の努力を払う．

(慎重さの要求)

2-6. 会員は，原子力・放射線関連の作業においては常に慎重に振る舞う．これまで内外の原子力施設において作業の完了を急いだり手順を粗略にして大事故に至った例を想起し，教訓とする．

(技術成熟の過信への戒め)

2-7. 会員は，原子力技術が成熟したとして安全性を過信しない．原子力開発の歴史はいまだ1世紀に満たない．今後とも新たな技術的問題が出ることがありうるとして，緊張感を持って新しい事象が発生することに対し警戒心を維持する．

(公衆の安心)

2-8. 公衆の安心は，原子力技術を扱う者に対する公衆の信頼感によって強化される．会員は，自らの行動を厳しく律し，安全を確保する努力を通じて公衆が安心できるよう努める．公衆に「安心」を押し付けない．

(会員の安心への戒め)

2-9. 会員は，公衆の安心を求めることで自らが安心してはならない．公衆の安心は，原子力技術を扱う者がその危険性を十分に認識し，緊張感を保って作業することによって得られる．

(新知識の取得)

3-1. 会員は，専門家として常に自己研鑽に励み，関係する法令や規則，日々

進歩する学問・技術を学び，自身の専門能力を磨く．古い定型的な知識だけをもって専門家として行動することは慎む．

(経験からの学習と技術の継承)

3-2. 会員は，経験から教訓を学び取る．特に原子力施設の事故や故障の経験からは，できるだけ多くのことを学び，その再発防止に努めるとともに，技術・知見の継承に努める．

(関係者の専門能力向上)

3-3. 会員は，専門家として自らが研鑽に励むだけではなく，専門能力を有すべき周囲の者，特に自らの監督下にある者の専門能力向上にも努力し，機会を与えるよう努める．

(正確な知識の獲得と伝達)

3-4. 会員は，常に正確な知識の獲得に努め，その知識を周囲の者に伝える．

(能力向上のための環境整備)

3-5. 会員は，所属する組織において自分自身や周囲の者が専門能力向上を阻害する環境にあるときには，その環境を変えるよう努める．

(自己能力の把握)

4-1. 会員は，遂行しようとしている業務が自らの能力不足のため安全を損なう恐れがないか，常に謙虚に自問する．

(所属組織の災害防止)

4-2. 会員は，所属する組織が安全確保のため十分な努力を払っているかを見極め，必要に応じ構成員の意識改革を図り，組織を変革するよう努める．

(他の組織による監査)

4-3. 会員は，所属する組織が自ら安全確保のための努力を払っているのみならず，適切な他の組織の監査を受け合格しているかどうかを見極める．適切な監査体制がない場合にはそれを設けるよう努める．

(公的資格に関する法令遵守)

4-4. 会員は，原子力分野の公的資格を必要とする業務を資格なしで行わず，無資格者に行わせない．

（公的資格の尊重）
4-5. 会員は，所属する組織が原子力分野の公的資格を尊重しているかを見極め，十分尊重していない場合には尊重させるよう働きかける．組織は所属員の公的資格取得に積極的に取り組み，公的資格取得者を優遇する．

（正確な情報の取得と確認）
5-1. 会員は，専門家として正しい情報を取得し，その正しさを自ら確認する．安全に係る情報は，公衆や環境に大きな影響を与える可能性があるので，特に入念な注意を払う．

（情報の公開）
5-2. 原子力の安全に係る情報は，適切かつ積極的に公開する．適切な公開を可能とするため，組織はあらかじめ情報公開に関する手順を定めておくことが望ましい．会員は，その情報がたとえ自分自身や所属する組織に不利であっても公開する．情報の意図的隠蔽は社会との良好な関係を破壊する．

（守秘義務と情報公開）
5-3. 会員は，組織の守秘義務に係る情報であっても，公衆の安全のために必要な情報は，これを速やかに公開する．この場合，組織は守秘義務違反を問うてはならない．まして，組織内において不当な扱いをしてはならない．

（非公開情報の取扱い）
5-4. 原子力に係る情報でも，核不拡散や核物質防護，公衆の安全・利益等のために公開することが好ましくないものについては公開する必要はない．ただしその場合でも，会員はあらかじめそれを明示し，公開できない理由を説明する．

（説明責任）
5-5. 会員は，専門の業務について，その目的・方法を周囲の者すべてに説明する責任がある．特に専門家でない周囲ものには，分かりやすく説明する責任がある．

(社会における調和)

5-6. 会員は，専門的な知識の説明において，一方的な価値観を押し付けることなく，社会における調和に努める．

(組織内の体制整備)

5-7. 会員は，所属する組織では構成員が倫理に関わる問題を自由に話し合える体制になっているかを見極め，不十分なときは組織を変革するように努める．

(科学的事実の尊重)

6-1. 会員は，事実を尊重し，科学的に明白な間違いに対しては毅然とした態度でその間違いを指摘し，是正するよう努める．

(科学的事実の普及)

6-2. 会員は，専門知識を分かりやすい形で広め，公衆が理性的に自ら判断できるよう，情報を提供することに努める．

(自らの判断)

6-3. 会員は，与えられた情報を無批判に受け入れることなく，情報収集に努めた上で，それに関連する専門能力により自ら判断する．

(誠実な行動)

7-1. 会員は，雇用者の代理人あるいは依頼者の受託者として業務に従事する場合，雇用者あるいは依頼者の了承なく他の団体または自らを含めた他の個人に利益をもたらすことを避ける．

(報酬等の正当性)

7-2. 会員は，業務にあたりリベート等を受け取らない．リベート等の受け取りは，たとえそれが雇用者や依頼者の利益を損なうものでない場合でも，自由競争を損ね，社会の利益を侵す．業務に対する報酬等は常にその正当性を他者に説明できることが必要である．

(組織の私的利用)

7-3. 会員は，勤務時間内に本務以外の業務を行うことも含め，所属する組織の了承・許可なく，組織に帰属する人的・物的・知的資源等の財産権を侵さない．

(利害関係の相反の回避)
7-4. 会員は，雇用者の代理人あるいは依頼者の受託者として業務を行う際，利害関係の相反の回避に努める．自らが所属する組織を規制・監督する立場にある組織の代理人または受託者として規制・監督に関する業務を行うことは慎む．新たな業務を行う際，潜在的な利害関係を含め利害関係を有する業務を既に行っている場合には，このことを雇用者または依頼者に開示する．

(指導者の規範)
8-1. 組織の中で指導的立場にある者は，組織内の模範となるよう，業務上の責任と業務にかかる説明責任を十分認識して行動する．

(専門分野等の研鑽と協調)
8-2. 会員は，専門とする分野について未知の領域の探求などチャレンジ精神を発揮し，自己研鑽に励むとともに，関連する専門分野について理解を深め，これを尊重し，業務の遂行にあたり常に協調の精神で臨む．

(2003年1月28日第449回理事会改訂承認)

(日本原子力学会倫理規程，行動の手引きより引用)

付録6　アメリカ土木学会 ASCE 倫理規定[1),2)]

1977年1月1日発効．

基本方針[3)]
技術者は，技術的専門職業の誠実，名誉，および尊厳の高揚を目標として高く掲げ，かつ前進させるものとし，このために：
1. 自らの知識と技量を，人間の福利の増進のために用いる．
2. 正直でかつ偏らず，公衆，自分の雇用者，および依頼者のために誠実に行動する．
3. 技術専門職業の能力と威信を高めるよう努力する．
4. 自分の専門分野の専門職協会および技術者協会を支える．

基本綱領
1. 技術者は，専門職としての義務の遂行において，公衆の安全，健康，および福利を最優先する．
2. 技術者は，能力を有する領域においてのみ職業活動を行なう．
3. 技術者は，客観的でかつ真実に即した方法でのみ公衆に見解を表明する．
4. 技術者は，専門職の事項について，雇用者または依頼者それぞれのために，誠実な代理人または受託者として行動し，利害関係の相反を回避する．
5. 技術者は，自らの職業的行為の真価によって自分の専門職としての名声を築き，他人と不公平な競争をしない．
6. 技術者は，技術専門職の名誉，誠実，および尊厳を高く掲げ，かつ増進するように行動する．
7. 技術者は，自らの専門的能力を，自分の経歴を通じて継続的に発展させる

---

1) (社)日本技術士会訳編 (1998)：科学技術者の倫理，pp.450-454，丸善，より引用，一部修正した．
2) 1976年9月25日採択，最も最近の修正は1996年11月10日．
3) アメリカ土木学会は，工学技術教育認定委員会 (ABET) が定めた ABET 技術者倫理規定の「基本原理」を採択した．

ように努力し，また自分の監督下にある技術者にも，専門職としての発展の機会を与える．

綱領 1

技術者は，専門職の義務の遂行において，公衆の安全，健康，および福利を最優先する．

a. 技術者は，一般公衆の生命，安全，健康，および福利が，構造物，機械，成果，製造工程，および機器の選定に際して，技術業の判断，決定，および実務に依存していることを認識する．
b. 技術者は，定められた技術業の基準に従っていて公衆の健康および福利に安全であると判定される，自分が審査し，また作成した設計文書のみを承認する．
c. 技術者は，自分の専門職としての判断が，公衆の安全，健康，および福利を危険にさらす状況のもとでくつがえされる場合，自分の依頼者または雇用者に，その起こりうる結果を報告する．
d. 技術者は，他の人または企業が綱領1の条項のいずれかに違反しているかも知れないと信じるだけの知識または根拠がある場合，正当な権限ある者にその情報を書面で提供し，そして正当な権限者に必要があればさらなる情報または援助を提供して協力する．
e. 技術者は，市民生活において建設的なサービスとなるような機会を求め，その地域社会の安全，健康，および福利の前進を図る．
f. 技術者は，公衆の生活の質を高めるために環境を改善し，持続可能な開発を進めることに努める．

綱領 2

技術者は，自分の専門領域においてのみ業務を行なう．

a. 技術者は，関係する技術業の技術分野における教育または経験によって適格である場合にのみ，技術業の任務を遂行することを引き受ける．
b. 技術者は，自分が有能な分野以外の教育または経験を必要とする任務を受

け入れてもよいが，自分の役割をその事業の自分が適格である局面に限るべきである．その事業のそれ以外のすべての部分は，適格な提携者，コンサルタント，またはその被用者が担当する．
c. 技術者は，自分が実質的に教育または経験によって得る専門性を欠く主題事項を扱っている計画または文書，または，自分の監督的管理のもとで審査されまたは作成されなかった計画または文書には，自分の署名または捺印を付与しない．

綱領 3
技術者は，公衆に技術的所見を表明するには，客観的でかつ真実に即した方法でのみ行う．
a. 技術者は，技術業についての公衆の知識を広めるように努力するべきであり，技術業に関する，真実でない，不公平は，または誇張された表明の流布に参加しない．
b. 技術者は，専門職として客観的でかつ真実に即するように報告し，意見を表明し，または証言する．それらの報告書，表明，または証言には，関連するおよび関係のあるすべての情報を含める．
c. 技術者が，専門家証人として務め，技術者の意見を表明するのは，それが事実の適切な知識に加えて，技術的専門性の背景があり，そして正直な確信にもとづく場合のみである．
d. 技術者は，利害関係者によって教唆されまたは支払われた技術上の事項について，表明，批評，または主張をしないものとする．ただし誰のための表明であるかを明示する場合はこの限りでない．
e. 技術者は，自分の仕事および利点を説明するには，尊厳を保ちかつ控えめであるようにする．専門職の誠実，名誉，および尊厳を犠牲にして自己の利害関係を推進するようないかなる行為も回避する．

綱領 4
技術者は，専門職の事項について，雇用者または依頼者それぞれのために，誠

実な代理人または受託者として行為し，利害関係の相反を回避する．
a. 技術者は，自分の雇用者または依頼者との，すべての既知のまたは潜在的な利害関係の相反を回避するようにする．自分の雇用者または依頼者に，自分の判断または自分の業務の質に影響することがありうる事業上の連携，利害関係，または事情を，迅速に通報する．
b. 技術者は，同じ事業における業務，または同じ事業に関係のある業務について，1人より多くの当事者から経済的またはその他の報酬を受けないものとする．ただしその事情が十分に開示され，かつすべての利害関係者によって合意された場合は，この限りでない．
c. 技術者は，自分が責任ある仕事との関連において，自分の依頼者または雇用者と取引する契約者，その代理人，またはその他の当事者から，直接または間接に，心づけを求めまたは受けとることをしない．
d. 政府の本体または部門の構成員，顧問，または被用者として公務についている技術者は，私的または公的な技術実務に携わる自分または自分の組織体が求めまたは与える業務に関する検討または行為に参加しない．
e. 技術者は，自分の検討の結果，ある事業が成功しないと思う場合，依頼者または雇用者にその旨を助言する．
f. 技術者は，自分の任務の過程で自分にもたらされた機密の情報を，個人的利益を得る手段として使用することは，そのような行為が自分の依頼者，雇用者，または公衆の利害関係に不利となる場合には，行わない．
g. 技術者は，自分の正規の仕事以外に専門職としての雇用を，自分の雇用者が知らなければ，受け入れない．

綱領5
技術者は，自分の業務の真価によって専門職としての名声を築き，他人と不公平な競争をしない．
a. 技術者は，仕事を確保するために，政治的な寄付，心づけ，または違法な対価を，直接または間接に，与え，求め，また受けとることをしない．ただし職業紹介機関を通じて有給の地位を確保する場合を除く．

b. 技術者は，専門職の業務のための契約を，要求されている専門職の業務の種類についての明示された専門性と適格性とにもとづいて，公平に交渉するべきである．
c. 技術者は，自分の専門職としての判断が妥協させられることのない状況のもとでのみ，成功報酬ベースでの専門職の手数料を，要請し，提案し，または受け入れてもよい．
d. 技術者は，自分の学問上または専門家としての資格または経験について，偽りまたは不実な表示を許容しない．
e. 技術者は，技術業の仕事を正当に帰属すべき者に帰属させ，他人の所有権益を認める．技術者は，可能であればいつでも，設計，発明，著作，またはその他の業績に個人的に責任がある人の名をあげる．
f. 技術者は，誤導する言葉を含まず，または，専門職業の尊厳を傷つけることのない方法でなら，専門職のサービスを広告してもよい．許容される広告の例は，以下のとおりである：

・認められかつ品位ある出版物における専門職の表示，および，責任ある組織が発行する名簿または人名録における人名表．ただし条件として，その広告または人名表は，そのような専門職の広告に定常的に用いられるものと，大きさ，内容および欄が調和すること．

・経験，施設，人員，および業務を行なう能力を事実にもとづいて記述するパンフレット．ただし条件として，それが，記載された事業への技術者の役割について誤導するものではないこと．

・認められかつ品位あるビジネスおよび専門職の出版物における広告．ただし条件として，それが事実にもとづくもので，記載された事業に参加する技術者の範囲について誤導するものではないこと．

・技術者の名前または事務所の名称の表示，および，自分が業務を行う事業に供給する業務の種類の表明．

・一般誌または技術誌向けの，事実にもとづく品位ある解説論文の，作成または承認．そのような論文は，記載された事業への直接の参加以外の何ものも暗示することはしない．

・技術者が自分の名前を，契約者，材料供給者などが発行する商業的広告に使用することの許可は，記載された事業への技術者の参加に感謝する，控え目で，品位ある表記に限る．その許可は，成果の公開の承認を含まない．
g. 技術者は，悪意でまたは偽って，直接または間接に，他の技術者の専門職としての評判，将来性，実務，または雇用を侵害せず，または，その仕事を根拠なく批評しない．
h. 技術者は，雇用者の設備，備品，実験室，または事務所施設を，外部の個人的実務を遂行するために使用することは，雇用者の同意なしには，行わない．

綱領6

技術者は，技術専門職の名誉，誠実，および尊厳の向上を目標として掲げ，かつ増進するように行為する．
a. 技術者は，故意に，技術専門職業の名誉，誠実，または尊厳を傷つけるような行為をせず，あるいは，故意に，詐欺的な，不正直な，または非倫理的な性質の事業または専門職の実務に携わらない．

綱領7

技術者は，自分の専門職としての成長が，自分の経歴を通じて持続するようにし，また自分の監督下にある技術者に，専門職としての発展の機会を与える．
a. 技術者は，自分の専門分野における最新の知識を保持すべきであり，そのために，専門職の実務に携わり，継続的な教育コースに参加し，技術文献を読み，さらに専門職の会合およびセミナーに出席する．
b. 技術者は，自分の技術業の被用者が，早期に登録されるように奨励すべきである．
c. 技術者は，自分の技術業の被用者が，専門職協会および技術協会の会合に出席し，論文を発表するのを奨励すべきである．
d. 技術者は，専門職の等級表示，給料の範囲，および付加給付を含む雇用条件に関して，雇用者と被用者相互の満足関係のあり方を支持する．

付録7　スペースシャトル・チャレンジャー号事件を事例とした討論の報告用紙

(各自でA4判に拡大コピーして使用する)

　各自，与えられた役割の人物になり，自分の反省点と他者への要求，何をすれば事故が防げたのかについて記せ．

氏　　名：

学籍番号：

与えられた役割（○を記せ）
　　（　　）ローレンス・ムロイ　（NASAのマネージャー）
　　（　　）ロバート・ランド　　（サイオコール社・技術担当副社長）
　　（　　）ロジャー・ボジョリー（サイオコール社・技術者）

1. 自らの反省点

2. 他の2者への要求

3. 結局何が一番の問題だったのか．

付録8 文化財保護法（抄）

昭和二十五年五月三十日法律第二百十四号
最終改正　平成十一年法律第百七十九号

第一章　総則

（この法律の目的）

第一条
　この法律は，文化財を保存し，且つ，その活用を図り，もつて国民の文化的向上に資するとともに，世界文化の進歩に貢献することを目的とする．

（文化財の定義）

第二条
　この法律で，「文化財」とは，次に掲げるものをいう．

一　建造物，絵画，彫刻，工芸品，書跡，典籍，古文書その他の有形の文化的所産で我が国にとって歴史上又は芸術上価値の高いもの（これらのものと一体をなしてその価値を形成している土地その他の物件を含む．）並びに考古資料及びその他の学術上価値の高い歴史資料（以下「有形文化財」という．）

二　（略））

三　衣食住，生業，信仰，年中行事等に関する風俗慣習，民俗芸能及びこれらに用いられる衣服，器具，家屋その他の物件で我が国民の生活の推移の理解のため欠くことのできないもの（以下「民俗文化財」という．）

四　貝づか，古墳，都城跡，城跡，旧宅その他の遺跡で我が国にとって歴史上又は学術上価値の高いもの，庭園，橋梁，峡谷，海浜，山岳，その他の名勝地で我が国にとって芸術上又は鑑賞上価値の高いもの並びに動物（生息地，繁殖地及び渡来地を含む．），植物（自生地を含む．）及び地質鉱物（特異な自然の現象の生じている土地を含む．）で我が国にとって学術上価値の高いもの（以下「記念物」という．）

五　周囲の環境と一体をなして歴史的風致を形成している伝統的な建造物群で価値の高いもの（以下「伝統的建造物群」という．）（2，3略）

〈第三～二十六条略〉

第三章　有形文化財

〈第二十七～五十五条略〉

第三章の三　民俗文化財

（重要有形民俗文化財の保護）

第五十六条の十三

　重要有形民俗文化財に関しその現状を変更し，若しくはその保存に影響を及ぼす行為をし，又はこれを輸出しようとする者は，現状を変更し，若しくは保存に影響を及ぼす行為をし，又は輸出しようとする日の二十日前までに，文部省令の定めるところにより，文化庁長官にその旨を届け出なければならない．ただし，文部省令の定める場合は，この限りでない．

　2　重要有形民俗文化財の保護上必要があると認めるときは，文化庁長官は，前項の届出に係る重要有形民俗文化財の現状変更若しくは保存に影響を及ぼす行為又は輸出に関し必要な事項を指示することができる．

第四章　埋蔵文化財

（調査のための発掘に関する届出，指示及び命令）

第五十七条

　土地に埋蔵されている文化財（以下「埋蔵文化財」という．）について，その調査のため土地を発掘しようとする者は，文部省令の定める事項を記載した書面をもって，発掘に着手しようとする日の三十日前までに文化庁長官に届け出なければならない．ただし，文部省令の定める場合は，この限りでない．

　2　埋蔵文化財の保護上特に必要があると認めるときは，文化庁長官は，前項の届出に係る発掘に関し必要な事項及び報告書の提出を指示し，又はその発掘の禁止，停止若しくは中止を命ずることができる．

(土木工事等のための発掘に関する届出及び指示)
第五十七条の二
　土木工事その他埋蔵文化財の調査以外の目的で，貝づか，古墳その他埋蔵文化財を包蔵する土地として周知されている土地（以下「周知の埋蔵文化財包蔵地」という。）を発掘しようとする場合には，前条第一項の規定を準用する．この場合において，同項中「三十日前」とあるのは，「六十日前」と読み替えるものとする．
　2　埋蔵文化財の保護上特に必要があると認めるときは，文化庁長官は，前項で準用する前条第一項の届出に係る発掘に関し，当該発掘前における埋蔵文化財の記録の作成のための発掘調査の実施その他の必要な事項を指示することができる．

(国の機関等が行う発掘に関する特例)
第五十七条の三
　国の機関，地方公共団体又は国若しくは地方公共団体の設立に係る法人で政令の定めるもの（以下この条及び第五十七条の六において「国の機関等」と総称する．）が，前条第一項に規定する目的で周知の埋蔵文化財包蔵地を発掘しようとする場合においては，同条の規定を適用しないものとし，当該国の機関等は，当該発掘に係る事業計画の策定に当たつて，あらかじめ，文化庁長官にその旨を通知しなければならない．
　2　文化庁長官は，前項の通知を受けた場合において，埋蔵文化財の保護上特に必要があると認めるときは，当該国の機関等に対し，当該事業計画の策定及びその実施について協議を求めるべき旨の通知をすることができる．
　3　前項の通知を受けた国の機関等は，当該事業計画の策定及びその実施について，文化庁長官に協議しなければならない．
　4　文化庁長官は，前二項の場合を除き，第一項の通知があつた場合において，当該通知に係る事業計画の実施に関し，埋蔵文化財の保護上必要な勧告をすることができる．
　5　前四項の場合において，当該国の機関等が各省各庁の長（国有財産法（昭和二十三年法律第七十三号）第四条第二項に規定する各省各庁の長をいう．

以下同じ.）であるときは，これらの規定に規定する通知，協議又は勧告は，文部大臣を通じて行うものとする．
（埋蔵文化財包蔵地の周知）
第五十七条の四
　国及び地方公共団体は，周知の埋蔵文化財包蔵地について，資料の整備その他その周知の徹底を図るために必要な措置の実施に努めなければならない．
　2　国は，地方公共団体が行う前項の措置に関し，指導，助言その他の必要と認められる援助をすることができる．
（遺跡の発見に関する届出，停止命令等）
第五十七条の五
　土地の所有者又は占有者が出土品の出土等により貝づか，住居跡，古墳その他遺跡と認められるものを発見したときは，第五十七条第一項の規定による調査に当たつて発見した場合を除き，その現状を変更することなく，遅滞なく，文部省令の定める事項を記載した書面をもつて，その旨を文化庁長官に届け出なければならない．ただし，非常災害のために必要な応急措置を執る場合は，その限度において，その現状を変更することを妨げない．
　2　文化庁長官は，前項の届出があつた場合において，当該届出に係る遺跡が重要なものであり，かつ，その保護のため調査を行う必要があると認めるときは，その土地の所有者又は占有者に対し，期間及び区域を定めて，その現状を変更することとなるような行為の停止又は禁止を命ずることができる．ただし，その期間は，三箇月を超えることができない．（以下3～10略）
（国の機関等の遺跡の発見に関する特例）
第五十七条の六
　国の機関等が前条第一項に規定する発見をしたときは，同条の規定を適用しないものとし，第五十七条第一項又は第五十八条の二第一項の規定による調査に当たつて発見した場合を除き，その現状を変更することなく，遅滞なく，その旨を文化庁長官に通知しなければならない．ただし，非常災害のために必要な応急措置を執る場合は，その限度において，その現状を変更することを妨げない．

2　文化庁長官は，前項の通知を受けた場合において，当該通知に係る遺跡が重要なものであり，かつ，その保護のため調査を行う必要があると認めるときは，当該国の機関等に対し，その調査，保存等について協議を求めるべき旨の通知をすることができる．
　3　前項の通知を受けた国の機関等は，文化庁長官に協議しなければならない．
　4　文化庁長官は，前二項の場合を除き，第一項の通知があつた場合において，当該遺跡の保護上必要な勧告をすることができる．
　5　前四項の場合には，第五十七条の三第五項の規定を準用する．
（文化庁長官による発掘の進行）
第五十八条
　文化庁長官は，歴史上又は学術上の価値が特に高く，かつ，その調査が技術的に困難なため国において調査する必要があると認められる埋蔵文化財については，その調査のため土地の発掘を施行することができる．
　2　前項の規定により発掘を施行しようとするときは，文化庁長官は，あらかじめ，当該土地の所有者及び権原に基づく占有者に対し，発掘の目的，方法，着手の時期その他必要と認める事項を記載した令書を交付しなければならない．
　3　第一項の場合には，第三十九条（同条第三項において準用する第三十二条の二第五項の規定を含む．）及び第四十一条の規定を準用する．
〈第五十九～六十八条略〉

第五章　史跡名勝天然記念物

〈第六十九～七十九条略〉
（現状変更等の制限及び原状回復の命令）
第八十条
　史跡名勝天然記念物に関しその現状を変更し，又はその保存に影響を及ぼす行為をしようとするときは，文化庁長官の許可を受けなければならない．ただし，現状変更については維持の措置又は非常災害のために必要な応急措置を執

る場合，保存に影響を及ぼす行為については影響の軽微である場合は，この限りでない．（2項以下略）
〈第八十一～八十二条略〉
第五章の二　伝統的建造物群保存地区
（伝統的建造物群保存地区）
第八十三条の一（略）
第八十三条の二
　この章において「伝統的建造物群保存地区」とは，伝統的建造物群及びこれと一体をなしてその価値を形成している環境を保存するため，次条第一項又は第二項の定めるところにより市町村が定める地区をいう．
（伝統的建造物群保存地区の決定及びその保護）
第八十三条の三
　市町村は，都市計画法（昭和四十三年法律第百号）第五条の規定により指定された都市計画区域内においては，都市計画に伝統的建造物群保存地区を定めることができる．この場合においては，市町村は，条例で，当該地区の保存のため，政令の定める基準に従い必要な現状変更の規制について定めるほか，その保存のため必要な措置を定めるものとする．
　2　市町村は，前項の都市計画区域以外の区域においては，条例の定めるところにより，伝統的建造物群保存地区を定めることができる．この場合においては，前項後段の規定を準用する．
　3　都道府県知事は，第一項の伝統的建造物群保存地区に関する都市計画についての都市計画法による同意に当たつては，あらかじめ，当該都道府県の教育委員会の意見を聴かなければならない．
　4　市町村は，伝統的建造物群保存地区に関し，地区の決定若しくはその取消し又は条例の制定若しくはその改廃を行つた場合は，文化庁長官に対し，その旨を報告しなければならない．
　5　文化庁長官又は都道府県の教育委員会は，市町村に対し，伝統的建造物群保存地区の保存に関し，必要な指導又は助言をすることができる．

（重要伝統的建造物群保存地区の選定）
第八十三条の四
　文部大臣は，市町村の申出に基づき，伝統的建造物群保存地区の区域の全部又は一部で我が国にとつてその価値が特に高いものを，重要伝統的建造物群保存地区として選定することができる．
　2　前項の規定による選定は，その旨を官報で告示するとともに，当該申出に係る市町村に通知してする．
　（以下略）
〈第六，七章略〉

付録9　JCO臨界事故を事例とした討論の報告用紙

(各自でA4判に拡大コピーして使用する)

年　　月　　日

討論の報告書（JCOの事故）

記　録　者：
座　　　長：　　　　　　副　座　長：
メンバー：

1. 以下の5者の立場からの対応の問題点（倫理規定参照）

   (1) 工程を変更したグループ主任と副長

   (2) バケツ使用の問題点を指摘した技術者

   (3) JCOの所長

   (4) 科学技術庁（当時）の監督担当者

   (5) 科学技術庁長官（当時）

2. 事故を防ぐとしたら何が可能であったか．

    (1) 現場の担当技術者

    (2) JCO 所長

    (3) 科学技術庁（当時）担当者

3. 結局何が一番の問題か．

付録10 一般信頼性尺度測定のための質問（質問1）（山岸, 1999）

　次の五つの質問に対して，以下の7段階で答えてください．この質問は他者一般に対する信頼の程度を「デフォルト推定値」として求めるためのものです．あなたが，全く知らない誰か（性別，年齢もわからないものとします）に会うことになったときのことを考えてみてください．

質　問
 (1) ほとんどの人は基本的に善良で親切である．
 (2) ほとんどの人は他人を信頼している．
 (3) ほとんどの人は信頼できる．
 (4) ほとんどの人は基本的に正直である．
 (5) 私は人を信頼する方である．

回　答
 1：全くそうは思わない．
 2：そうは思わない．
 3：まあ，そうは思わない．
 4：中間である．
 5：まあ，そう思う．
 6：そう思う．
 7：強くそう思う．

付録 11　行動選択についての倫理的質問（質問 2）[1]

2-1．あなたは土木技術者となった後，業界紙・業界雑誌などに目を通し積極的に勉強しますか．仕事に就いたあともさらなる技術的資格を取得しようと試験を受けますか．それとも直接関係ない事はせず，与えられた仕事をこなしますか．
　① 与えられたこと以外はしない．
　② 多分勉強はしないだろう．
　③ 必要であることなら勉強する．
　④ 多分勉強するだろう．
　⑤ 仕事を持っても積極的に勉強する．

2-2．新しく効率的な技術と古いけれども環境に優しい面のある伝統工法技術，どちらを優先して使いますか．
　① 新しい方法が良いに決まっているので新しい技術を使う．
　② なるべく新しい技術を使う．
　③ 今さら伝統工法など使うべきではないと思うので，基本的には伝統工法は使わない．
　④ 古くても使ったほうが良い工法ならば使う．
　⑤ 伝統工法も使えるものは積極的に使う．

2-3．あなたは現場事務所の副所長です．ある日，下請会社の社長があなたのところへ作業の方法について変更を求めてきました．あなたはその下請会社の社長の話を真剣に聞き，作業方法の改善について考えますか．それともたかが一下請の話でそんなことはできないと思いますか．
　① 下請の話を聞くなんて時間の無駄だ．
　② もう少しえらい人の話だったら聞くかもしれない．
　③ 一応，話だけは聞いてみる．
　④ 多分話は聞く．
　⑤ 話を聞き，改善に努める．

---
1) 原文をわかりやすく書き直している．

2-4. あなたは現場事務所の所長です．ある日，下請け業者があなたのために手みやげを持ってきました．あなたが何を受け取ったかはこの状況では誰にもわかりません．あなたはどの程度まで受け取りますか．
　① 何でもくれる物はもらう．
　② 現金50万円．
　③ デパートの商品券5万円分．
　④ 有名店のシュークリーム10個．
　⑤ 何ももらわない．

2-5. あなたは大手不動産会社の宅地開発の責任者です．新しく住宅地を開発し，新しい街を作るのがこの事業の目的です．あなたはできるだけお金がかからないように最低限の基盤施設で開発を行いますか．それともお金がかかっても将来の街づくりを考えて開発しやすいよう基盤施設への投資を行いますか．
　① 街の将来のことは気にせず，自社が最大に儲かるようにする．
　② 街の将来のことまでは考えず開発を行う．
　③ 最低限の将来のことを考えて開発を行う．
　④ 少しであればお金をかけて将来のことを考えた街づくりをする．
　⑤ お金がかかっても将来のことを考えた街づくりをする．

2-6. あなたは中堅建設会社の営業部長としてある入札に参加することになりました．以下の行動は，会社の存亡をかけたあなたの責任で決めなくてはいけません．
　① たとえどんな手段を使ってもこの仕事を取る．
　② 他の会社と話し合い，今後少しでも自社に利益がでるよう入札する．
　③ もしも自社に利益が出るようなら他社とも話し合う．
　④ 直接には他社とは相談せず自社の見積もりで勝負する．
　⑤ 絶対他社とは相談せず自社の見積もりだけで勝負する．

2-7．あなたは一カ月後に大きな入札を控えています．そんなとき，大学の同級生から電話がかかってきました．彼は今度の入札の発注をする会社に勤めていて，あなたに有利な内部情報を持っています．彼は双方に有利な情報交換をもちかけてきました．このことは誰も知りません．そんなときに，あなたはどうしますか．
　① 積極的に交換に応じる．
　② 多分交換に応じる．
　③ 話ぐらいは聞いてみる．
　④ 多分断るだろう．
　⑤ はっきり断る．

2-8．あなたは他の会社と共同である設計業務を受注しました．この業者と一緒に仕事をするのは今回が初めてです．互いに仕事を分担し，あなたの方はもう終わっていますが納期は迫っていて，相手の会社は終わるかどうかわからない状態です．発注者は「納期を守れないのならどちらの設計料も半分しか払わない」と言っています．あなたは相手の会社の仕事を手伝いますか．
　① 納期に間に合わなくてもうちの会社のせいではない．相手が悪いんだから絶対に手伝わない．
　② 手伝いたくはないので，本当に終わらないと判断するまで手伝わない．
　③ 間に合わないといろいろ差し支えがあるので手伝う．
　④ こういうこともあると思って手伝う．
　⑤ 自分の係わった仕事であるのだから積極的に手伝う．

2-9．あなたは現場事務所の所長です．仮設の構造物（足場）に規則違反が見つかりました．このままでは事故が起こる可能性がありますが，工期は残り一週間でその間何とか持ちこたえれば問題は起こりません．最終的な構造物の品質にも影響はありません．もし修理する場合には相当の費用がかかります．あなたはこの構造物を直しますか．
　① お金がもったいないので直さない．

② 危険が高いときだけ直す．
③ 現状で大丈夫そうなら直さない．
④ 少しでも危険そうなら直す．
⑤ 大丈夫そうでも規則に沿って直す．

2-10． あなたはトンネル工事の責任者で，コンクリートの配合に間違いがあったことに気づきました．今からやり直すと工期も遅れるし費用もかかります．出来上がりの品質はもちろん悪くなり，このままだと将来事故が起きるかもしれません．もし事故が起きた場合にはあなたが責任を問われることになります．あなたは今までの部分の工事をやり直しますか．
① 気がつかないことにしてこのまま進める．
② 直さないで今からの部分は正しい配合にする．
③ 事故がおきると判断した時だけ直す．
④ 多分やり直すと思う．
⑤ もちろんすぐにやり直す．

あ と が き

　本稿を閉じるにあたり，多くの方々にご指導を賜ったことを付記し，感謝の意を捧げたい．

　建設社会学の研究を進めていた筆者が技術者倫理の研究に着手したのは，1995 年に日本学術会議基礎工学研究連絡委員会 WFEO（世界工学連合）小委員会において，委員長の西野文雄教授（政策研究大学院大学）から幹事として工学倫理教育の提言をまとめるようにとのご下命を頂いたことに始まる．以来，土木学会倫理制定委員会などで倫理規定の検討に携わる一方で，土木学会教育委員会では倫理教育小委員会の委員長（1997～2000）として，多くの討論の機会に恵まれた．特に，札野順教授（金沢工業大学）には，委員会の席上で，米国における倫理教育について多くの教示を受けた．

　建設社会学・技術者倫理教育は，水工学に次ぐ筆者の専門分野であるが，本書の第 4 章に紹介した調査（技術者への質問紙調査の解析）は，筆者の研究室で学んでいる建設社会学チームの大学院生である林恵子さん，篠田宗純君と共同で進めた研究の成果の一部である．

　本書の企画・出版については，丸善出版事業部の千葉徹・徳永香子の両氏にご尽力を頂いた．また，改訂版の発行に当たっては，大塚祐子氏の御世話になった．

　本書の執筆においても，妻・柴山真琴（博士(教育学)/大妻女子大学・教授）から研究上の援助を得た．本書の草稿を精読して，適切な助言を与えてくれた妻に感謝する．本書の完成に至るまでの父親と母親のやりとりを支援してくれた長男・俊也と長女・知紗の日常的な配慮にも感謝したい．

索　引

● 和　文

あ

相手の意図　71
相手の能力　71
アメリカオンライン理工学倫理研究センター　41
アメリカ土木学会　32
アメリカ土木学会倫理規定　13, 104
安心　72
安心型社会　70
安全管理　74
意思決定過程　12
遺跡　46
一般競争入札制度　9
一般信頼性尺度　71, 120
エンロン事件　60
応用倫理学　12

か

開発援助　41
改良型対人信頼尺度　72
科学技術庁（現・文部科学省）　49
化学工学会倫理規程　90
環境倫理　13
関係資本　70
関係性　73
管理化　3
機械的連帯　63
機会費用　72
疑似血縁共同体　5
疑似体験　68
技術士　73
技術的能力の向上　50
技術評価制度　9
技術評価の視点　74
共生力　3
協同的システム　4
協同的な人間関係　9, 11
協力行動　74, 80

128　索　引

記録用紙　68
近代産業社会　2
グループ討論　68
クロスオーバー社会　6
血縁・地縁共同体　5
潔癖性　74
ゲマインシャフト　5
建設システムの連関　7
建設社会学　2
工期の遅れ　46
公共への責任　45
工事の不備　53
高信頼技術者　81
行動の選択　71, 83, 121
高度経済成長期　5
高濃度のウラン燃料　47
効率性の基準　11
国民国家　23
個人の勇気　61
個性の喪失　11

さ

再起確率　44
再生期　19
作業マニュアル　49
産業構造の高度化　3
山陽新幹線のトンネル　50
資格制度　69
自己研鑽　74
自己の属する組織　27, 49

自然環境の保全と活用　47
事前の話し合い　74
執行制度　8
指名競争入札制度　9
社会化　69
社会化過程　83
社会性　74
社会全体への忠誠心　27
社会的機能　15
社会的背景　43
社会分業論　63
就業構造　5
集団主義化　3
樹木　47
小グループ　68
情報処理学会倫理綱領　85
職業的権威　13
職業的社会化　82
自立した土木技術者　14
自律性　13, 14
自律的関係　55
事例教育　15, 41
震災復興事業　7
信頼　72
信頼型社会　70
信頼関係　70
信頼研究　69
人類の福祉　27, 31
スペースシャトル・コロンビア号　62
スペースシャトル・チャレンジャー号

　　　　　　　16, 41, 110
政府部門　　5
専門職業　　13
専門職能集団　　13
専門能力の向上　　28, 51
相互協調的自己観　　61
相互独立的自己観　　61
測量士　　75

た

対人信頼尺度　　69, 73
耐震補強工事　　53
多角的評価基準　　11
脱近代化　　3
談合　　6, 50, 69
チェルノブイリ原子力発電所事故
　　　60
地球環境・建築憲章　　32, 87
地球環境問題　　12
徴発性　　11
勅任技師　　23
低信頼技術者　　81
停滞期　　20
デュルケム　　63
電気学会倫理綱領　　89
点検記録改ざん　　55
伝統技術　　27
東京電力　　55
透明性　　27
討論　　68

独立した職能　　3
土木学会倫理規定　　24
土木技術者の信条及び実践要綱
　　　15, 20
土木技術者の倫理観　　82
土木社会　　70
土木専門家　　10

な

内部告発　　53, 60
内部情報の交換　　74
内務省　　23
日本型システム　　70
日本機械学会倫理規定　　28
日本技術者教育認定機構　　12
日本原子力学会倫理規程と行動の手引
　　　き　　96
日本建築学会倫理要綱・行動規範
　　　30

は

発注・契約制度　　9
パラダイムシフト　　1
阪神・淡路大震災　　7
標準偏差　　78
品質管理　　74
雰囲気　　50, 64
文化財保護法　　46, 111
文化的営為　　11

文化的側面　　9
平均値　　78
ポストモダン　　3, 11
本州四国連絡橋　　58

ま

マスコミ　　45
民間企業　　5
メタ領域　　2

や

山岸俊男　　71
有機的連帯　　63
雪印乳業　　50

ら

ラポールの形成　　73
領域倫理　　12
臨界　　48

倫理規定　　19, 74
倫理教育小委員会　　63
倫理性の欠如　　11
倫理的質問　　121
ルメジャー　　43
黎明期　　19
歴史的遺産の保存　　46
労働災害隠し　　59
ロジャー・ボジョリー　　42
ロッター　　72

●欧　文

ABET　　13
autonomy　　14
case teaching　　15, 16
Citicorp Center　　15, 43
Code of Ethics, American Society of Civil Engineers　　33
JABEE　　12
JCO　　47, 51, 118
whistle-blowing　　53

著者略歴
1953年　東京都文京区本郷に生まれる
1977年　東京大学工学部土木工学科卒業
1985年　東京大学工学博士
東京大学助教授，Associate Professor / Asian Institute of Technology，横浜国立大学教授などを経て，現在，早稲田大学理工学院教授，横浜国立大学名誉教授．
主な著書　建設社会学（1996年，山海堂）．
　　　　　漂砂環境の創造に向けて（共編，1998年，土木学会）．
　　　　　Coastal Processes（2009年，World Scientific）

増補・改訂版　建設技術者の倫理と実践

　　　　　　　平成13年1月25日　初　版　発　行
　　　　　　　平成16年2月29日　増補改訂版発行
　　　　　　　平成22年7月25日　増補改訂版第2刷発行

著作者　　柴　山　知　也

発行者　　小　城　武　彦

発行所　　丸　善　株　式　会　社

　　　　　〒140-0002　東京都品川区東品川四丁目13番14号
　　　　　編集・電話(03)6367-6108／FAX(03)6367-6156
　　　　　営業・電話(03)6367-6038／FAX(03)6367-6158
　　　　　http://pub.maruzen.co.jp/

© Tomoya Shibayama, 2004

組版印刷・有限会社 悠朋舎／製本・株式会社 星共社

ISBN 978-4-621-07407-7 C3051　　　　Printed in Japan

本書の無断複写は著作権法上での例外を除き禁じられています．